世界大富豪的富豪哲学

[日] 桑原晃弥 著

杨晓敏 译

序言

大富豪共同具备的7种哲学

本书中收录的各位大富豪，虽然生活方式、思考方式各有不同，但具备以下几种共同点。

❶抢占先机

❷专注所长

❸机会面前，全力以赴

❹为“自立”与“自由”行动，而不是为“钱”行动

❺不做无谓的浪费

❻不受外界影响，将“内心的声音”作为判断的依据

❼坚守自己制定的规则

世界富豪排行榜的常客们以及多数神秘的大富豪们都具备以上特质，因此获得了财富与成功。

获得成功必不可少的品质——行动力

成功者必备的一些特质，可以用一个词来概括。这就是“行动力”，或者也可以称为坚持力。

沃伦·巴菲特是世界最成功的投资家，在他10岁的时候，在图书馆读到一本书——《赚1000美元的1000招》，从中受到了很大的启发。

在此书的第一页，这样写道：“如果你不行动，则永远不会成功。”

“想要赚钱，必须积极行动。在这个国家（美国）里有几十万人在梦想着赚大钱，但他们只会守株待兔，所以最终在梦想中沉沦。别再犹豫了，马上行动吧！”

从此之后，巴菲特确信，成功不属于聪明人，也不属于运气好的人，它只属于行动力强的人。作为一位著名的书痴，巴菲特不仅读书，而且将实际行动作为自己的准则，最终建造了自己727亿美元的庞大资产帝国。

我们总是以“听说过”“知道”结束我们的想法，但最重要的，不只是听说、知道，而是要“做”。

成功与失败的区别，在于“做”与“不做”，“坚持”与“半途而废”。

用狂热之心将普通的事情做到极致

当被问到“为什么不让孩子继承你的事业？”时，一位优秀创业者的回答令人印象

深刻。

“虽然创业者对自己的事业具有无比的热情，但是命令孩子做同样的事情是没有道理的。”

这位创业者认为在这些能够开创自己的事业并走向成功的人身上有一种狂热。

而将自己的生活方式与思考方式强加给孩子是不合常理的。所以，他毅然将公司管理者的重任交给了一位信任之人，留给孩子的只是一份普通的财务管理工作。

本书中收录的各位大富豪，都积聚了亿万资产。而他们也都属于疯狂之人。

他们具有惊人的拼搏精神，不服输，不言败。充满奇思妙想，既能一掷千金，也能躬行节俭。

但是，仔细观察会发现，他们只是以一种寻常的行为做了一件普通的事情而已。

苹果创始人乔布斯年轻时曾被称为“暴君”“独裁者”，从中可以看出他的疯狂形象。但是在今天看来，乔布斯只是以自己的踏实和精益求精，做了制造业中应该做的事情。

因此，尽管很多富豪看似疯狂，实则在认真、孜孜不倦地努力。

接近梦想的生存方法

丰田汽车公司是日本代表性的高利润企业，被称为丰田“中兴之祖”的石田退三先生发表了自己对成功的看法。

“成功就是以极为理所应当的态度把一件普通的事情做完；就是做一件必须做的事情；既然开始做，就要做到底；就是排除万难把一件事情完成。仅此而已。”

在这里，疯狂的成功者们与普通人之间存在一个共同点。

我们总是认为成功是有一些特别的方法或者奇招妙招的。

但是，在现实中，成功属于那些将“普通的事情”“必须做的事情”傻傻地坚持、踏实做完的人。

当我们看到他们为完成一件事排除万难、不惜一切的姿态时，也从中感受到了他们的疯狂。

现代社会被称为“差别社会”，追逐大梦想实属艰难。

但是，正因如此，傻傻地坚持、踏实努力、步伐坚定地完成一件事才是如此可贵。虽然不能保证赚到很多钱，却能一步步确实接近自己的梦想。

如果你渴望成功与财富，衷心希望本书可以成为你的“行动圣经”。

桑原晃弥

世界大富豪的富豪哲学 目 录

第3章 金钱的使用方法

第4章 成己为人，成人达己

第5章 只做真正喜欢的事情

第1章 珍视时间的哲学

占有欲 好胜心 自信心

周末也不停止工作。每天带着必胜的信念上班，

——微软公司创始人 比尔·盖茨

废寝忘食专注工作，不认输不言败

资产估值 792亿美元

1955年生于美国

勇争第一

微软的成功给比尔·盖茨带来了巨大的财富。其成功的方法就是对市场的垄断。如今，几乎全世界的电脑都在使用微软的视窗操作系统Windows，其市场份额最高达到95%。将这一切变为可能的是盖茨令人赞叹的拼搏精神。

比尔·盖茨从小就有一种勇争第一的性格，他坚信“只要我想赢，就一定能赢”。他从哈佛大学辍学，也是由于曲高和寡而感到失望。但是，后来盖茨遇到了比自己年长的保罗·艾伦，两人志趣相投，同样热衷于当时刚刚兴起的计算机，并一起创立了软件开发公司。

在当时，个人电脑还没有出现，但是，盖茨预见了未来的发展趋势。并立志“要让所有的电脑都使用微软的软件”。

这不仅仅是一场电脑革命，更是盖茨制定标准、独占市场的号角。

Hint

自负也好，重要的是相信自己

失败就是两种损失

盖茨开始向着目标奋勇前进。面对诸如IBM、XEROX这样强大的对手，他告诉自己“绝不能失败。失败就是两种损失——自己不能赚钱，别人却在赚钱”。

图片提供：@视觉中国

他同样要求微软的每一名员工“每天带着必胜的信念上班”。盖茨非常重视将工作放在第一位、甚至牺牲周末来加班的员工，并称他们为“意志坚定的人”。而对于不认真工作的员工，他就会无情地将他们赶出公司。

Hint

几乎没有周末，专注于赢

轶闻

一年一度的《福布斯富豪榜》是全球最著名的富豪排行榜。据统计，在过去21年中，比尔·盖茨16次位居榜首。2010—2013年盖茨以微弱劣势让位于墨西哥电信巨头卡洛斯·斯利姆（52页），但于2014年又重返全球首富的宝座。

不争第一不罢休

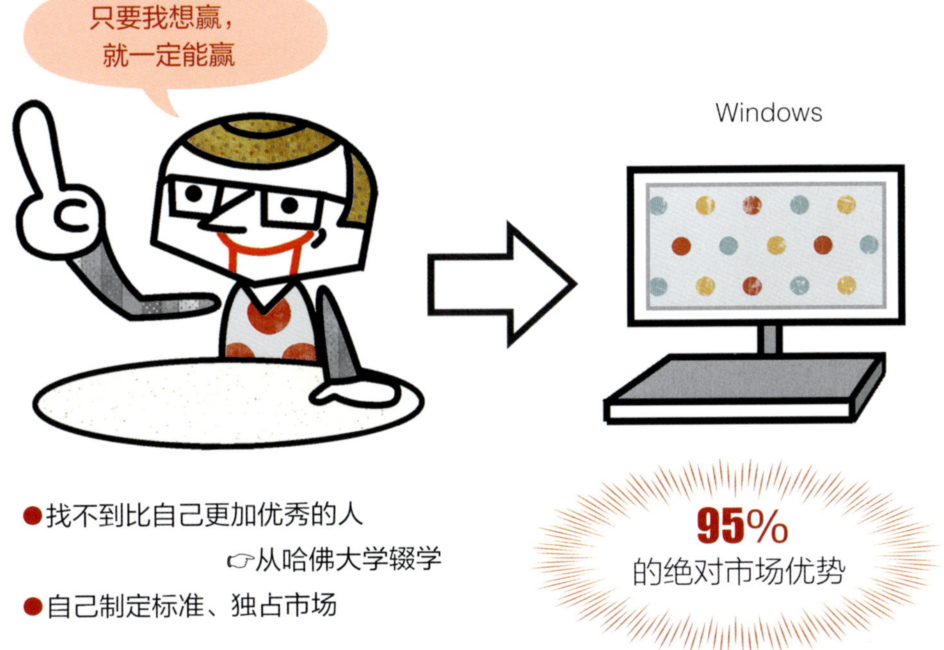

- 找不到比自己更加优秀的人
  ☞从哈佛大学辍学
- 自己制定标准、独占市场

POINT

惊人的拼搏精神引领成功

先人一步，抓住机遇

要去创造游戏规则，而不是跟风。

沃伦·巴菲特

——伯克希尔·哈撒韦公司总裁

资产估值 727亿美元

1930年生于美国

CHECK POINT!

6岁开始创业

沃伦·巴菲特被称为世界第一投资商。他所经营的伯克希尔·哈撒韦投资公司在约50年的时间中实现了18300倍的惊人增长率。

巴菲特说："成功的关键不在于学习成绩、家世背景，而是开始创业的年龄。"他自己就是一个实例。

6岁时卖口香糖赚了2美分以后，开始做各种小生意积累资金。11岁时开始投资股票。在此过程中，巴菲特学到了受用一生的经验：①不要拘泥于买入时的股票价格，②不可急功近小利，③不可用别人的钱投资。

谈及存钱的理由，巴菲特这样说道：

"有钱就能实现自由，可以做自己想做的事情。我喜欢自由。"

Hint

及早开始，引领成功。

珍惜时间，1秒也不能浪费

巴菲特痴迷于复利。对于复利，可以这样理解，假如按照10%的年复利收益率，100美元5年可以增值到160美元以上，10年增值到近260美元，25年增值1000美元以上。即使再少的钱，复利和时间也可以让它无限地增长。

这就是投资的秘诀。

图片提供：@视觉中国

巴菲特出生于美国内布拉斯加州奥马哈市，成为著名投资家并积累了巨大的财富，但他的创业资金全部来源于他小时候做各种小生意积累的资金。

当被问及如何赚钱时，巴菲特风趣地说道："我在很小的时候就把小雪球握在手里了。如果晚10年开始，现在我大概还是站在山脚下吧。所以，我更喜欢走在游戏的前面，制定规则。虽然走在前面不能做大规模的动作，但是这远远好过跟风"。

Hint

只要早早开始，小钱也能无限增长

轶闻

巴菲特是著名的书痴，极其喜爱阅读。在他10岁的时候就已经把奥马哈图书馆里所有财经方面的书籍阅读了两遍。此后，从历史书到旧报纸他手不释卷。大量广泛的阅读对投资者来说是不可或缺的。他反复强调："最重要的投资是投资自己。"

成功的关键是开始创业的年龄

POINT

尽早开始，小钱也能变巨款

占有欲　拼搏精神　高效利用时间

——洛克菲勒财团创始人

约翰·洛克菲勒

钱、钱、钱。做生意要趁早。人生就是

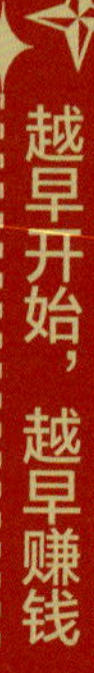

越早开始，越早赚钱

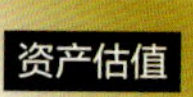

资产估值 **3360亿美元**（以现在的价值换算）

1839年生于美国

做生意要趁早

美国历史上最富有的人——约翰·洛克菲勒，他的人生分为两段。从周薪只有5美元的普通店员到垄断石油市场，被刻画成“破坏者”“强盗大亨”“同时代最恶罪犯”等冷酷魔头形象的前半段，以及捐款建立芝加哥大学及洛克菲勒大学等致力于慈善事业的后半段（42页）。

洛克菲勒的父亲对他前半段的人生影响最大。幼年时，他曾以7.5%的利息贷款给农夫50美元，遭到了母亲的严厉训斥，但是父亲赞赏道：“很好，在这个国家最重要的东西就是金钱。”到了高中时代，父亲又教导他：“人生只有靠自己，做生意要趁早，只有钱才是最牢靠的。”这也成为洛克菲勒的信条。

Hint

尽早开始行动

告别也是成功的要素之一

洛克菲勒20岁时与比自己年长的莫里斯·克拉克成立了一家商贸公司，主要经营农产品和石油，并获得了丰厚的利润。随着事业的不断扩大，洛克菲勒与慎重派的克拉克出现了意见分歧，最后两人分道扬镳，洛克菲勒以高价买下了公司。他后来曾回忆说：“正是跟他们告别的那一天，才是我成功的开始。”他将公司业务扩展到炼油业，1870年成立了标准石油公司，此后取得了突飞猛进的发展。

洛克菲勒利用铁路公司之间的竞争，通过收取折扣的方式降低运输费用，从而降低石油价格将竞争对手一一击败，并不断收购合并石油公司。洛克菲勒通过种种手段，很快就独霸石油市场，但是他依然野心勃勃。“现在美国93%的炼油生意在我们手里。但是，我们要忘掉这93%，全力攻下剩余的7%！”他如此号召手下的员工。

同时，他也遭到了批评和指责。但是，洛克菲勒认为合并产业中的较弱者是一种善举并自诩为“慈悲天使”。他曾说过：“美丽的玫瑰若要灿烂盛开，必须牺牲掉周围的新芽。”

美丽的玫瑰，即标准石油公司，后来由于违反反托拉斯法而被拆分成33家新公司。标准石油虽被拆分，其后继企业之一的埃克森美孚公司在百年后的今天依然是全美第二大企业，洛克菲勒作为全美第一资本家的地位同样屹立不倒。

洛克菲勒父亲的教育

POINT

不要被道德束缚！先人一步，尽早行动

Hint

如果想赚钱，占有欲必不可少

轶闻

据心灵导师戴尔·卡耐基透露，对金钱多年的贪婪使得洛克菲勒在53岁的时候几乎濒临死亡。虽然他一周收入高达100万美元，但是医生只允许他每周吃2美元的食物，随时保持半饥饿状态，而且此时的他被许多人憎恨。后来，洛克菲勒开始积极投身慈善事业，身体渐渐恢复。他的后半生陡然一转，在感恩中走过了98岁的传奇人生。

就能找到解决问题的切入点。以百年的视角考虑问题，

——亚马逊公司创始人 杰夫·贝佐斯

不是1年，而是以10年为单位来考虑问题

资产估值 348亿美元

1964年生于美国

专注成长

在IT行业，“追赶”和“超越”是非常困难的事情。因为开创者获得了自己的发展，制定了行业标准。

亚马逊创始人杰夫·贝佐斯将目光投向互联网是在1994年，当时互联网还属于新兴行业。此时的贝佐斯已在对冲基金D. E.Shaw获得了令人羡慕的财富和地位。但当他看到互联网的迅猛发展，就想到了电子商务。他向老板肖提案但是被驳回，于是放弃财富与地位毅然踏上创业之路。

之后，贝佐斯着眼于事业的迅速扩大，甚至不惜牺牲眼前的利益。当被问及：“什么时候才可以盈利？”他这样回答：“互联网有很多的机会，现在正是需要投资的时机。我的所有决定都是以长期价值为目标。”

最终，1997年亚马逊在财政赤字的情况下实现了股票上市。

Hint

成功属于敢于放弃短期利益，专注企业成长者

目光要放远

大多数企业会以一个季度或一年为单位制订发展计划，但贝佐斯会以3年、5年、10年为单位考虑问题。他认为，以事业发展为代价换取短期利益的做法是愚蠢的。为取得长期价值，首先应

图片提供：@视觉中国

专注于企业发展，这是基本战略。

他以世界粮食危机为例，论述了长远目光的重要性。“如何解决世界粮食危机？如果以5年为界，我们只能抱头苦思。如果以百年的视角来考虑，就很容易找到解决问题的切入点。”

即使现在不能立刻找到答案，并不代表永远找不到。技术在进步，情况也在变化。要时刻将变化放在心头。

轶闻

贝佐斯同样以长远目光对待慈善事业。他设立了贝佐斯家族基金会，提供教育基金，援助贫困国家。同时，为了提高儿童对科学的兴趣，他个人资助宇宙飞船的开发。

Hint

除了现状，还要以更加长远的目光考虑问题

以百年的视角考虑问题

POINT

以长远目光判断事物

不是以「现在」，而是以「未来」做判断

那就是成长，而且是快速成长。决定工作的标准只有一个，

——脸谱网首席运营官

谢丽尔·桑德伯格

资产估值 13亿美元

1969年生于美国

CHECK POINT!

是否可以快速成长是唯一的判断标准

脸谱网首席运营官谢丽尔·桑德伯格被称为”最有力量”的商业女精英之一，她的履历同样耀眼。

从哈佛大学经济学专业毕业后，桑德伯格进入世界银行工作。之后，进入哈佛大学商学院就读并获得MBA学位，同时担任麦肯锡咨询公司顾问。后来，她进入克林顿政府担任国务长官的首席幕僚。

不久，由于政权变动，桑德伯格开始寻找新的职业道路。此时，谷歌CEO埃里克·施密特邀请她加入谷歌。但是，对于一个刚刚经历IT泡沫，成立仅3年的谷歌来说，是否可以给自己一个未来，桑德伯格有些犹豫。埃里克这样对她说：“决定工作的标准只有一个，那就是成长，而且是快速成长。”

于是，桑德伯格决定加入谷歌。后来，这句话也成为桑德伯格的专有台词。

处于快速发展期的公司有大量的工作，而发展缓慢的公司工作减少，人员却在增加。那里没有未来。

Hint

成功的关键在于“快速成长”

放眼未来

由于谷歌的成功，拥有股票期权的桑德伯格也获得了巨大的

图片提供：@视觉中国

财富，但是，她又开始探索新的道路。在大公司中同样可以享受优厚待遇的桑德伯格，最终选择了由23岁的马克·扎克伯格经营的脸谱网。桑格伯格与扎克伯格畅聊约50小时，最终决定加入脸谱网。

谈及选择脸谱网的理由，桑德伯格这样说道："与我当时选择加入谷歌一样，相比身份地位我更看重潜力与使命。"她的选择始终以快速成长为标准。

轶闻

桑德伯格的首部作品《向前一步》是世界级的畅销书。她在书中写道："真正平等的世界是：女性承担起国家或职场的一半责任，男性承担起家庭的一半责任。"

Hint

相比现在的规模，更应看重未来的发展

决定工作的标准

POINT

是否可以快速成长是判断的唯一标准

速度重于一切

一切收购都是为了购买时间。

——米塔尔钢铁公司创始人 拉克希米·米塔尔

资产估值 135亿美元

1950年生于印度

高效利用时间

绝对的自信

企业的重建也要重视速度

钢铁巨头拉克希米·米塔尔是印度大名鼎鼎的企业家。钢铁曾被称为国家的经济命脉，很多国家都有自己的钢铁公司。但是，国营钢铁公司接连陷入经营不善的困局。这时，米塔尔不断并购钢铁企业，最终打造出全球性的钢铁公司。

米塔尔21岁的时候，他的父亲收购了一家小钢铁厂，米塔尔在工厂帮忙。但是，他越来越感到印度的局限性，于是在26岁时移居印度尼西亚，并建立了自己的电炉钢铁工厂，这是一个需要米塔尔亲自操作操作盘的小工厂。

1989年，39岁的米塔尔在特里尼达和多巴哥收购了一家严重亏损的国营钢铁厂，经过大胆的裁员与降低成本，仅一年之后便扭亏为盈。

之后，米塔尔加速了他的收购步伐。从墨西哥到哈萨克斯坦，从罗马尼亚到捷克、波斯尼亚、马其顿、俄罗斯、乌克兰、波兰，在全球范围内展开了他的收购大战。

Hint

速度重于一切

购买“时间”

米塔尔的成功秘诀很简单，就是以极低的价格收购奄奄一息的钢铁公司，然后迅速转制，用先进的管理和设备令它起死回生，实现市值总额的最大化，再利用赢利进行新的收购。

其基本战略就是“一切收购都是为了购买时间”。

米塔尔的第一个战果就是与美国钢铁公司ISG的合并。ISG同样采取收购同类企业扩大规模的方式发展。两者战略一致，实现合并，成立了世界最大的钢铁公司——米塔尔钢铁公司。

第二个战果则是对钢铁巨头阿赛洛钢铁公司（由法国、卢森堡、西班牙的大型钢铁公司合并成立）的成功收购。米塔尔钢铁虽然是世界最大规模的钢铁公司，但是缺少生产高质量钢板的技术，所以在欧洲并不为人所知。阿赛洛钢铁公司具备生产高质量钢板的先进技术，米塔尔将其收购后，钢铁质量同时跃居世界第一。

米塔尔对竞争对手阿赛洛实施收购。在签约现场，米塔尔充满自信地表示：“钢铁界的巨人诞生了！”虽然米塔尔取得了前所未有的胜利，但是他对建立自己钢铁帝国的野心丝毫没有减弱。

“我要超越比尔·盖茨。专注目标，全力以赴，直到成功。”他如此说道。

Hint

时间值得付出大价钱

轶闻

拉克希米的意思是“财富女神”，但这位钢铁大王出生在印度贫穷的拉贾斯特邦。正因如此，米塔尔十分关心家乡的经济发展。时隔50年重返故乡时，他慷慨捐赠约1.2亿美元。米塔尔不仅能赚钱，而且会花。据说，他在世界闻名的法国凡尔赛宫为女儿举办婚礼，并以1.2亿美元的天价买下了伦敦一套超级豪宅。

用收购购买时间

POINT

成功与失败的区别在于是否重视时间

他们的人际网

超越职业领域与年龄的人际网

大富豪之间的联系，出乎意料地紧密。

史蒂夫·乔布斯（82页）曾一度离开苹果公司，不久之后他开始考虑重回苹果，甲骨文公司创始人拉里·埃里森（92页）曾表示要以收购苹果的方式帮助乔布斯取得苹果的控制权。埃里森甚至联手沙特阿拉伯王室成员阿尔瓦利德王子（90页）实施收购计划。

作为IT界的领袖人物，乔布斯与业界多位企业创始人保持着紧密联系。他与比尔·盖茨（8、44页）既是竞争对手又是密友。在乔布斯离世之前，他一直向谷歌创始人拉里·佩奇（58页）与脸谱网创始人马克·扎克伯格（22页）积极传达硅谷创业者的优良传统。

而佩奇、扎克伯格还有杰夫·贝佐斯（14页）在工作报告和致辞中最常引用的却是业界外大亨——沃伦·巴菲特（10、60页）的名言。有趣的是，巴菲特竟然与比自己小25岁的盖茨成为莫逆之交。巴菲特将自己财产的80%捐给盖茨创立的梅琳达·盖茨基金会一事也为大家所熟知。

向前追溯，我们可以看到，航运巨头科尼利尔斯·范德比尔特（54页）刚刚进军铁路运输时，曾与当时决心垄断石油市场的约翰·洛克菲勒（12、42页）联合，从而获得了巨额的财富。

垄断是获得财富的源泉

以上不难看出，大富豪之间存在各种形式的联系，他们相互影响、相互利用，因此创造更多的商业机会。

将此种关系做出准确表述的是乔布斯。他重回苹果后，拜访了盖茨。

当时，盖茨的Windows操作系统已占据了整个电脑市场份额的95%，而苹果仅占5%。乔布斯这样对盖茨说：“我们加起来就是100%。”

这种近乎垄断的状态，是巨额财富的源泉。甚至于慈善事业，假如盖茨与巴菲特联合，就能产生超越国家的资产与影响力。

几年前，我们用“1：99”来表现差距，但现在变成了“0.5：99.5”。这是因为财富的集中程度越来越高。

大富豪之间的联系，使他们获得更多的财富，产生更强大的力量。由此可以看出，人际网在财富的产生与增长中的重要性。

第2章

按照自己的规则开拓人生

把自己认为有趣的东西分享给大家。

——脸谱网创始人

马克·扎克伯格

对自己喜爱的事情追求到底

资产估值 334亿美元

1984年生于美国

不要害怕放弃

不以金钱为目标

做自己喜欢的事

因为喜欢，所以能做出好的产品

脸谱网创始人马克·扎克伯格在创业之初，曾这样想过：

“大家跟我一样都是大学生。所以，我觉得有趣的东西，是不是也能变成让大家觉得有趣且便利的东西呢？”

2004年，19岁的扎克伯格在哈佛大学就读，当时他开发出名为Zufacebook的校内程序。这就是脸谱网的前身。

扎克伯格是一位早熟的天才，在高中时期就能根据朋友的要求开发出游戏程序。其中，由他创作的名为Synapse Media Player的音乐播放软件，微软当时就想购买。

哈佛大学为了方便学生之间的交流，每年都会发布带有男女新生照片的学生名录。虽然学生们希望得到一份电子版名录，但当时学校还没有开发出这样的交流平台。同为哈佛大学学生的扎克伯格试图满足同学们的要求，他自信地表示：“如果让学校去开发，至少需要两三年的时间。我只需要一周，就能做出比学校更棒的网站。”这就是脸谱网的开端。

Hint

首先要确认自己是否喜欢

抓住成功的时机

虽然最初开发网站只是觉得好玩，但是这个交流平台瞬间吸引了大量的用户，甚至扩大到哈佛以外的学校。看到这种变化，扎克伯格于2004年9月决定辍学创业。经过8年的发展，脸谱网实现了股票上市。关于扎克伯格的成功，他的一位朋友这样说：

图片提供：@视觉中国

“成功不只是因为他的聪明，还有运气。他抓住了绝佳的时机和绝佳的形势。而且，在他找到自己想做的事情时，他并没有选择继续将大学读完，而是毫不犹豫地奔向自己的梦想。”

Hint

面对放弃，不要犹豫

轶闻

2015年末，扎克伯格迎来了自己的第一个孩子，为了庆祝女儿降生，他宣布将与妻子普莉希拉·陈（Priscilla Chan）持有的脸谱网 99%股份（约450亿美元）捐赠给慈善机构。这里也寄托了他希望世界的未来更美好的愿望吧。

将兴趣变成生意

高中时代

给我做一款这样的游戏吧！

大学时代

我想要带照片的电子版名录哦！

把自己认为有趣的东西分享给大家！

POINT

兴趣重于金钱

美国的「甜点」，中国的「主菜」

——阿里巴巴创始人　马云

资产估值 227亿美元

1964年生于中国

不要被常识束缚

将逆境当作跳板

你永远不知道转机什么时候到来

在盈利方面，阿里巴巴是远超亚马逊与乐天的著名电商交易平台。其创始人马云（Jack Ma）也被认为是天才，但事实并非如此。马云小时候学习并不优秀，曾遭遇两次高考落榜，甚至一度蹬过三轮车。他后来发奋努力，考入杭州师范学院。毕业以后，他成为一名英语教师。

转机在1995年到来，马云来到美国，知道了互联网。回国后，他准备创业，首先成立了一家企业信息网站，之后于1999年创立阿里巴巴。

2014年，阿里巴巴集团于纽约证券交易所正式挂牌上市，融资额达到约250亿美元，成为全球有史以来最大规模的IPO。2003年，马云创立购物网站——淘宝网，2005年创立第三方网上支付平台支付宝，其发展快马加鞭，一路高歌。

Hint

即使失败两次、三次，但不会一辈子失败

有没有被大家错过的机会呢?

中国属于网络不发达国家，为什么阿里巴巴在这样的环境中竟获得了惊人的发展?

“因为中国的商务交易基础设施不完善。”马云这样解释道。

“在美国，电子商务交易并没有达到繁荣状态，这是因为它的商务交易基础设施十分完善，而电子商务只能作为附带。

图片提供：@视觉中国

在美国，电子商务相当于“甜点”般的存在，而对于中国，却是“主菜”。

中国的消费市场，服务水平相对滞后，内陆城市商业设施不完善，人们的消费欲望得不到满足。因此，当阿里巴巴出现以后，大批消费者涌向这个便利平台。

由此可以看出，马云凭借解决中国存在的问题而获得了巨大的财富。从购物到金融，他让13亿人打开了钱包。

轶闻

从马云的经历可以看出，对于IT，他是个外行，据说他只会发邮件。正因如此，他才将阿里巴巴做成即使对IT不熟悉的人也能简单操作的平台。这也是他取得成功的因素之一。马云的优势在于，他拥有IT界或商务专业人士绝对不可能模仿出来的独特想法。

Hint

不要被知识挟制你的想法

问题也是商机

POINT

不被常识束缚的想法有助于解决问题

不惧风险

胆小者一事无成，唯强者存。

——电子数据系统公司创始人 罗斯·佩罗

唯强者存

罗斯·佩罗出生于1930年的世界大萧条时期。正因如此，他在幼年时期就开始做送报纸的工作以补贴家用，当时他的愿望是，好好学习，以后可以坐在办公室里工作。

1949年，佩罗进入海军学院，学习普通的专业。但是另一方面，他在很多方面显示了卓越的领导潜能，佩罗将此充分发挥。

一次偶然的机会，佩罗在船上遇到了IBM的一位高级主管。这位主管问佩罗有没有兴趣到IBM进行一次面谈。利用这次机会，佩罗进入了著名的电脑公司IBM。进入IBM的佩罗如鱼得水，仅用三周的时间就完成了一年的销售定额。

1962年，佩罗决定创建自己的公司。他带领IBM的几位员工一起创立了Electronic Data Systems（EDS）。虽然开始筹措资金时遇到一些困难，但员工们齐心协力，努力争取到了医疗处理软件等大额订单，公司业绩不断攀升。

EDS的精神是“胆小者一事无成，弱者死在半路，唯强者存”。凭借如此惊人的企业文化，EDS的发展势头不可阻挡，最终在1968年实现股票上市，佩罗也在一夜之间成为亿万富豪。

Hint

你不强大，万事难成

喜欢就是享受

1984年GM（General Motors）以25亿美元收购了EDS，佩罗在获得巨额财富的同时，也成为GM的股东，入主董事会。

在1979年的伊朗革命中，他曾亲自带领救援队去营救被关押的两名EDS人质，并创立佩罗财团积极从事各种慈善活动。他因此获得了极高的人气。

被逐出苹果的史蒂夫·乔布斯（82页）正准备创办Next公司时，佩罗也向他提供了资金支持。而Next公司的OS（基本软件）是乔布斯重回苹果的王牌，因此佩罗在此产生的影响不可小觑。

之后，佩罗以7亿美元卖掉了GM的股份。离开GM与EDS后，他在1988年创立了佩罗系统公司（2009年被戴尔并购）。对

资产估值 41亿美元

1930年生于美国

于未来，这位家财万贯的富豪如此表述：“可能会做一名隐士度过余生，就像霍华德·休斯（88页）一样。有钱人的结局都是这样的吧。但是，那样一点也不好玩。对我来说，做自己喜欢的事情就是一种享受。”

唯强者存

- 以25亿美元卖给GM
- 营救EDS人质
- 成立佩罗财团
- 投资Next公司

POINT

做自己想做的事情就是一种享受

Hint

为自己想做的事情付出，辛苦也是快乐

轶闻

1992年，佩罗曾向美国总统大选发起挑战。他的支持力量主要来自普通民众和强大的财力。因为他既不属于民主党也不属于共和党，民众都在期待是否持续了一百多年的两大政党制会在此终结，他的民意调查支持率几乎与当时的候选人并驾齐驱。虽然佩罗最终没有当选，但他对之后美国改革党的成立等政治领域产生的影响不可忽视。

勤奋是成功之母

成功的秘诀就是争分夺秒，勤奋工作。

——石油企业家 保罗·盖蒂

资产估值 20亿美元（离世之时）

1892年生于美国

钱要自己赚

保罗·盖蒂被称为美国第一位亿万富翁，同时被誉为“石油大王”。

他的资产远远超过了洛克菲勒家族、肯尼迪家族等豪门家族。1957年，世界著名杂志《命运》将当时居住在巴黎的65岁的盖蒂称为“拥有7~10亿美元净资产的美国第一富豪”，一时成为人们关注的焦点。

盖蒂究竟如何积累了如此庞大的财富呢？

他的父亲是一位成功的石油开发商，度过了锦衣玉食的学生时代后，盖蒂也走向石油开采的道路。但是，父亲并没有给他特殊优待，而是希望他以自己的努力取得成功。虽然盖蒂取得了资金与经营权，但是利润必须和父亲分享，70%归父亲，盖蒂只获得30%。而且父亲也不再给他零花钱，所以无法像从前一样挥金如土。

后来盖蒂回忆说：“我从父母那里学到了劳动理论。他们教给我的道理是，钱要自己赚。”

Hint

聪明的父母会给孩子留下受用一生的教训

一天18小时的高强度工作

盖蒂不只是一位公子哥儿，他还有过人的商业头脑和胆量。他认为，年轻人要有远大理想，只有勤奋工作、积极存钱、不断学习才能有所成就。他以这样的行动规范要求自己，仅用两年的时间就赚取了100万美元。

甚至到了世界经济大萧条时期，盖蒂的财富依然不断增加。在1950年，他曾表示：“如果我的钱能数得清，那就没有十亿美元。”这时的他已接近世界首富的位置。

图片提供：@视觉中国

盖蒂告诉我们，如果想成为有钱人，运气、知识、勤奋、百万富翁的心态（通常指经营者为了降低成本获得利润而绞尽脑汁的行事方式）是必不可少的。

其中，最重要的是勤奋。

“成功的秘诀就是争分夺秒，勤奋工作。”他如此强调。

事实上，盖蒂的工作强度之高令人惊叹，他会从早上开始连续工作16~18个小时。

尽管如此，盖蒂的个人生活却不尽如人意。他结过五次婚，都以失败而告终。在离世的前一年，他感叹道：“我从没想到自己会孤独终老。”他的葬礼也是异常冷清：“真是一幅悲惨的光景，没有任何的朋友和家人，除了佣人之外只有一个人参加了保罗的葬礼。”盖蒂的一位老友如此回忆道。

轶闻

盖蒂的孙子——盖蒂三世小时候在罗马遭到绑架，罪犯索要赎金遭到盖蒂的拒绝。最终，在收到了孙子的一只耳朵以及舆论的谴责中，盖蒂屈服了，但赎金也是经他还价后的金额。或许是由于绑架带来的精神创伤，盖蒂三世在25岁时由于滥用毒品导致疾病缠身，于54岁病逝。

Hint

运气、知识、勤奋、百万富翁的心态必不可少

成为有钱人最重要的因素是勤奋

POINT

勤奋工作就是赚钱

不怕放弃 | 将逆境当作跳板 | 坚定信念

我的目标是「出类拔萃」。

——前通用电气集团CEO 杰克·韦尔奇

资产估值 7亿5000万美元

1935年生于美国

普通工薪族也能成为有钱人吗?

也许，杰克·韦尔奇并不是所谓的有钱人。虽然他是带领衰落的通用电气（GE）走向辉煌的“20世纪最伟大的CEO”，但他既不是创始人，也不能称为富豪。然而，在培养人才、打造未来富豪方面，则无人能出其右。

虽然家庭并不富裕，但父母十分重视孩子的教育，韦尔奇在一个既严格又充满温情的环境中长大。

高中时代，韦尔奇当上了曲棍球队的队长，在一次比赛中连败7次，他十分恼火，一气之下把球棒扔了出去。母亲来到更衣室，生气地对他说：“怎么这么没出息！你不找出失败的原因，是永远不会赢的。”同时，母亲对他的学习要求也很严格，她经常说：“不学习就是一个没用的人。世上没有平坦的近路，不要把人生想得太简单。”

Hint

成功无关出身

人云亦云毫无意义

韦尔奇在GE工作一年后准备辞职，理由是公司给他加了1000美元的年薪，而其他4位同事也获得了同样的加薪，他无法忍受公司的僵化体制。“我的目标是出类拔萃”，所以他加倍工作，努力做出超过上司期望的成绩。

由于上司的极力挽留，韦尔奇最终留在GE，但他始终坚持“要与别人拉开差距”。他认为成功的团队是从差距中产生的。优待贤才，排除蠢才，一边思考琢磨一边提高目标成为他的管理原则。

在担任CEO的20年间，韦尔奇对GE进行了大刀阔斧的改革。其核心为“数一数二市场战略”。

即任何事业部门存在的条件是在市场上“数一数二”，否则就要被砍掉。

在人才管理方面，他按照优劣顺序将员工分为A、B、C三个等级。优待A级，锻炼B级。而C级人员则被无情扫地出门。他的管理理念是：只有严格拉开差距，才能利于人才成长。

“努力工作，这样就能得到与之相应的报酬。”这就是韦尔奇的“努力工作者金钱论”。

不要平庸无奇

POINT

不要害怕做“出头鸟”

Hint

与人拉开差距，哪怕只有一步

轶闻

韦尔奇进入GE之时，将“30岁之前达到年薪3万美元”作为目标，而在入职第13年，他又将成为CEO定为新的目标。结果是，在他就任CEO之后，年薪不断上涨，到离任的前一年，他的薪酬已达到400万美元＋奖金1270万美元＋股票期权5700万美元＋股票4870万美元，共计大约1亿2240万美元。

严于律己

成功的时候，恰恰是失败的开始。最可怕的是自我满足。当你自认为

——酩悦·轩尼诗－路易·威登集团总裁

贝尔纳·阿尔诺

资产估值 **372亿美元**

1949年生于法国

缘于一句“我知道迪奥”

酩悦·轩尼诗－路易·威登集团（LVMH）总裁贝尔纳·阿尔诺，拥有克里斯汀·迪奥、路易·威登、酩悦香槟、轩尼诗等多个法国代表性品牌。阿尔诺本人也被称为法国时尚界的“帝王”“法王”。

但是，阿尔诺最初并没有涉足时尚界。从理工科大学毕业后，他继承了父亲经营的建筑公司，并于25岁就任公司经理。

阿尔诺的转变源于对纺织品集团博萨克（Boussac）的并购，当时博萨克旗下即拥有迪奥品牌。对服装行业一无所知的阿尔诺大胆收购即将破产的博萨克集团，其目的则是让法国走向世界。一次，他来到美国，乘车时与出租车司机闲聊，司机表示对法国一无所知，但是说了一句：“我知道迪奥”。

当时法国正处于经济不景气时期，阿尔诺认为只有迪奥这样的知名奢侈品牌才是法国走向世界的最强资产。

Hint

选择有利的领域战斗

不可自满

当时，经济学家加尔布雷思断言：“与其在一个没有胜算的领域去竞争却迎来破产，法国更应该发挥自己在奢侈品牌领域的优势去创造领导地位。”受此言论影响，同时结合美国的经历，阿尔诺决定收购博萨克（Boussac），以奢侈品产业创造法国影响力。他于1984年成功将其收购，并重新打造迪奥品牌，使其大放异彩。

接着，在1988年，阿尔诺收购了混乱不堪的LVMH，将其与迪奥合并。于是，原来仅拥有10个品牌，销售额为100亿法郎的LVMH迅速发展为拥有45个品牌，销售额为600亿法郎的大企业。同时也取得了在世界奢侈品牌产业领域的霸主地位。

但是，阿尔诺对自己取得的成就丝毫没有自满。他常说：“我总能在自己已完成的工作中感到不满。最可怕的事情就是自我满足，当你认为自己是个成功者，做得最好时，恰恰是失败的开始。”

最可怕的是自我满足

“对我来说，金钱不是目的。被当作富人是最令我感到意外的事。”

集合众多传统奢侈品牌，打造出法国精品帝国，这才是阿尔诺的骄傲。

使LVMH的销售额达到**600**亿法郎

POINT

不自满，才能更成功

Hint

最可怕的是自我满足

轶闻

在美国等许多国家也拥有世界级品牌，但是，他们却没有迪奥、路易·威登这样的历史与梦想。阿尔诺在对美国品牌的竞争中，也这样说道。当谈及金钱，他这样说：“我与保罗·盖蒂不同。那位美国企业家虽然是世界首富，却连生活费都要锱施两较。我不想炫富，也不想浪费。我会把钱区别使用。”

遵守规则，但要勇猛。

——耐克集团创始人
菲尔·奈特

坚信自己的选择

源于学生时代的一个想法开始创业并成为富豪的例子不在少数，例如：盖茨、贝佐斯、扎克伯格、拉里·佩奇（58页）等。

耐克创始人菲尔·奈特的创业契机是学生时代的一篇论文。从俄勒冈大学毕业后，奈特进入斯坦福大学攻读工商管理硕士（MBA）学位。正是在这时，他冒出一个想法，似乎可以打败当时在运动领域占支配地位的阿迪达斯。那就是制造可以让长跑运动员跑出好成绩的高质量低价格的跑鞋。奈特坚信，最了解运动员需求的人一定是运动员自己，而他就是一名运动员。

“当我写完论文的那一刻，要成为全美第一跑鞋销售者的决心更加坚定了。”奈特如此说道。

Hint

相信自己一定能行

赢无止境

奈特毕业后决定到日本寻找机会，当时刚好有制造商想以高质量低价格的产品打入美国市场。于是，他拜访了日本的制鞋商鬼冢虎，提出做其品牌的代理商。鬼冢虎意外地答应了奈特的请求，拿到代理权的奈特回国后与大学教练鲍尔曼一起出资成立了蓝丝带运动公司，这就是耐克的前身。

当时，鬼冢虎牌跑鞋在各地长跑赛场的销量并不高。但是，奈特坚信“我们拥有超过阿迪达斯的技术和产品”，打败阿迪达斯的信念从未动摇。

不久，鲍尔曼设计出一种新型橡胶鞋底，由于这种鞋底的弹性比市场上流行的其他鞋的弹性都强，很快成为畅销产品。

奈特还采取了聘请明星运动员代言运动鞋以提高知名度的策略。其中，由“篮球之神”迈克尔·乔丹代言的“空中飞人”最为著名。1980年，由于股票上市及“空中飞人”的巨大成功，使耐克名声大噪。

图片提供：@视觉中国

资产估值 215亿美元

1938年生于美国

但是，奈特并没有满足于一时的成功。他希望耐克不仅是一个跑鞋品牌，而是体育用品品牌。于是，他采取了产品多样化策略，将耐克品牌推向世界。奈特鼓励员工："遵守规则，但要勇猛。"奈特从不允许对手的成功："如若不然，我们就无法做自己想做的事了。"正是这种事事必赢的态度成就了富豪奈特。

轶闻

勇猛的奈特也失败过，耐克曾被指责海外工厂存在低价租赁、环境恶劣以及雇佣童工等诸多问题。虽然当时奈特选择置之不理，但这对耐克品牌造成了十分恶劣的影响。于是，为了将自己残酷的劳动剥削者形象转变为温和的经营者，奈特开始努力改善工人的工作环境。

Hint

要做想做的事，就必须赢

凡事要赢

POINT

坚信自己一定会赢

将信念贯彻到底

认输就是犯罪。竭尽全力，只要没有失败，

——麦当劳公司创始人 **雷·克拉克**

资产估值 **5亿美元**

1902年生于美国

贯彻信念

追求完美

麦当劳创始人雷·克拉克曾是一位推销员，1954年，52岁的克拉克认识了经营汉堡餐厅的麦当劳兄弟。

整洁的店面，着装整齐且动作麻利的员工，15美分就能买到的美味汉堡以及大排长龙的顾客，克拉克看到这一幕，深受启发，他决定要把这样的店开遍全美。于是，他立刻跟麦当劳兄弟签订协议，并于1955年开设第一家店。

从签订协议到正式开店经过了长达一年的时间，这源于克拉克的完美主义。为了能够在富于变化的美国开出同样的店，同时保证产品的口味与品质，服务与整洁，克拉克对每一位店主都进行了严格的要求。不仅是停车场，周边的道路情况也要认真考察。克拉克对细节要求很高，曾有人忘记安装霓虹灯，他甚至对此大发雷霆。“我知道前方有无数的困难，但我想把麦当劳做到完美，这永远是摆在第一位的。”克拉克这样说道。正是因为如此的精益求精，截至1984年克拉克离世，全世界已经有8000家麦当劳店铺。

Hint

永不妥协于自己的信念

认输就是犯罪

拥有巨额财富的克拉克，谈及金钱，他这样说道：

“钱是万能的，这种说法是错误的。钱会制造问题，仅仅金钱本身的问题也越来越大，而且常被用在错误的地方。”

如此辛辣的观点，直到他成为棒球队的老板也没有改变。

1974年，克拉克将连续5年表现糟糕的圣地亚哥教士棒球队收入门下，计划将其重新改编。但是，克拉克以经营麦当劳的理念——客人理应得到他们支付金额的相应价值要求选手。他经常手握麦克大声怒吼“最差劲的比赛！”这一切源于他所坚持的完美主义——竭尽全

图片提供：@视觉中国

力，只要没有失败，认输就是犯罪。

克拉克还成立了以自己名字命名的基金，积极参与社会公共事业。他说："捐赠和慈善活动是我人生最精彩的部分。"

每个人的才能不同，教育水平各异。但是，才能和教育并不是成功的关键，信念和坚持才是最重要的。信念是万能的，坚持是最有价值的东西。克拉克虽然大器晚成，使他取得成功的是对完美不懈追求的信念和坚持。

轶闻

有一次，有人这样介绍克拉克"他持有麦当劳400万股的股票，每股的价格超过5美元哦"。克拉克随即反问道："这能说明什么呢？我跟任何人一样一次也只能穿一双鞋啊。"他参与慈善事业，被指责为"PR策略"，他依然坚持"把自己的钱用在有价值的地方"，而没有因此停止对慈善事业的关注。

Hint

信念与坚持重过才能与教育

追求完美吧

POINT

不要对自己的坚持做出妥协

他们从父母那里学到了什么

父母的生存方式是比金钱更重要的财产

获得巨额财富的方式有三种：①继承遗产，②自力更生获得成功，③一攫千金。

但是，在大富豪之中，①继承遗产的例子很少，他们大部分都是白手起家通过②自力更生获得成功的。

因此，大部分的富豪都从父母那里继承了除金钱之外的重要财产。这些重要的财产，就是父母的生存方式和教育。

例如，长江实业集团的创始人李嘉诚（66页），一直将母亲的教导谨记在心。

李嘉诚刚刚成立塑胶厂时，由于出现严重的质量问题，大量次品被退回，工厂一度陷入经济危机。这时，母亲给他讲了这样一个故事：

“从前一座寺庙里有位住持，他把一袋谷种交给两位年轻人去播种，说到了秋天谁收获得多谁就当住持。可是，到了秋天，一个扛着谷子来了，另一个却两手空空。然而，就是这个种不出谷子的年轻人却当了住持——因为，住持给他们的种子是煮过的。只有正直的人才有资格当住持。”

母亲借这个故事告诉李嘉诚“诚”与“信”的重要。而李嘉诚也以此为教训东山再起，一步一步向着成功迈进。

向父母学习什么？如何学以致用？

本田宗一郎是本田技研工业创始人，他初到东京时，身为铁匠的父亲这样对他说：

“第一，做什么是你的自由，但是不要给别人添麻烦。第二，即使成年，也不能赌博。第三，要珍惜时间。”

然后，他又补充道：

“如果坚持不懈地努力，可能有一天会成为有钱人。但是，即使成为有钱人，也不能忘记金钱取之有道、视之有度、用之有节的古训。”

父亲的教导成为本田一生的信条。

将自己的父亲或母亲当作行为榜样的富豪不在少数。比尔·盖茨曾在演讲中提到“我非常钦佩我的父母”，沃伦·巴菲特也说“是父亲告诉我人的一生应该怎样度过”，由养父母抚养长大的史蒂夫·乔布斯曾骄傲地表示：“我要把父亲教给我的东西，一样不少地教给自己的孩子。”

学习父母的生存方式、思考方式、好的行为习惯，与你的成功和财富紧密相连。

第3章

金钱的使用方法

不要被金钱迷惑

如果你们开始浪费，我就变成怪物回来。

——沃尔玛创始人 **山姆·沃尔顿**

1490亿美元（家族合计）

1918年生于美国

生活水平维持不变

金钱也会带来烦恼

提到世界上最富有的家族，当属沃尔玛创始人山姆·沃尔顿家族吧。在2015年《福布斯》世界富豪排行榜中，沃尔顿家族有四人上榜。山姆次子的妻子克里斯蒂排名第八，三子吉姆排名第九，女儿艾丽斯排名第十一，长子罗伯森则位于第十二位。家族资产总计1608亿美元。

其资产总量远远超过世界首富微软创始人比尔·盖茨的792亿美元。

原因很简单，盖茨、巴菲特将资产的大部分投入了慈善事业，但山姆则将资产留给了家族。

因此，沃尔顿家族所持有的股份几乎保持不变。

事业成功获得的巨额财富，也会带来烦恼。

“如果后辈都确信自己一生不会穷困，怎样才能让他们有工作的动力呢？”山姆非常担心。

Hint

金钱也不会永远爱你

控制浪费

购买游艇或岛屿的欲望和野心曾毁掉很多企业，山姆深知这一点。

他说：“有些家族为了享受奢侈的生活，将手里的股票一点点地卖掉，最终出现了公司被收购或破产的悲剧。”

为了防止家族出现类似的悲惨结局，山姆给孩子们定下了这样的家规：

①自我提高，事业进步，日日努力，

②希望人如何待你们，你们也要怎样待人，

③时刻谨记“顾客是上帝”。

另外，提到撰写自传的原因，也是为了家族的发展，他又说：

“我希望我的后辈可以在某天读到这本书，将我的话铭记于心。‘如果你们开始浪费，我就变成怪物回来哦，所以，绝对不允许浪费。’”

Hint

不要被浪费诱惑

轶闻

山姆的长子罗伯森就任沃尔玛董事长时，他的办公室只有8平方米，几乎仅能容下一张桌子的狭小空间。他谨遵父亲的教诲——不要在不必要的地方花钱。另外，罗伯森也以身践行父亲的家训——勤劳、正直、爱邻、节俭，真正做到了秉承父志。

控制欲望和野心

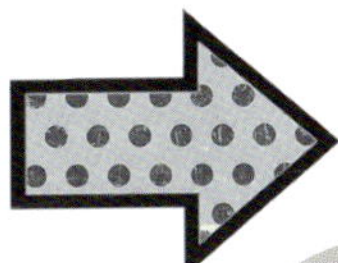

POINT

浪费会导致悲惨的结局

小事才重要

10美分也要重视，否则你永远都是服务员。

——洛克菲勒财团创始人 约翰·洛克菲勒

重视小事

热心慈善

你重视过10美分吗？

洛克菲勒将“财富来自节约”作为信条，并一生践行。当然，在公司的经费、浪费以及家庭费用等方面有着严格的管理。

例如，洛克菲勒曾向炼油厂的会计询问油桶塞子的库存数量，会计没有回答出来，而洛克菲勒竟记得清清楚楚。

还有这样的故事。洛克菲勒成为富豪以后，依然到便宜的餐厅吃饭，每次他都会给服务员15美分的小费。有一次，服务员不小心算错账，洛克菲勒只给了他5美分的小费。服务员不满，抗议道：“如果我成为富豪，绝不会吝啬10美分的。”

“如果你真的重视这10美分的话，就不应该算错账。对10美分不在乎的态度，使你永远都是一名服务员。”洛克菲勒这样回答他。

Hint

金钱不会青睐对小事不认真的人

让节约成为家庭传统

洛克菲勒的豪宅位于俄亥俄州的克利夫兰，他几乎不与邻居来往，周围的人也对他敬而远之。

他给孩子们创造俭朴的家庭环境，要求他们自己打工赚取学费。

洛克菲勒二世继承了父亲的节俭，洛克菲勒的孙子大卫（二世的长子）在学生时代时向父亲预支零花钱，二世这样对他说：“这是由于你的花费超过了收入，不善理财犯下的错误。我对你很失望，‘人一有钱就变傻’讲的就是这个道理。”

多年后，大卫成为一位聪明能干的人。他认为，如果没有明智父母的正确指引，财产继承比起祝福更是一种诅咒。因此，其家族的财富盛名长盛不衰，洛克菲勒的孙子纳尔逊（二世的次子）甚至就任美国副总统，可谓人才辈出。

凭借垄断性的事业和严格的节俭，洛克菲勒家族积聚了巨大的财富。晚年的洛克菲勒将其大量用于慈善事业。并成立了著名的洛克菲勒基金会，在医疗、教育、科学、艺术、国际关系领域做出了突出的贡献。洛克菲勒认为盲目捐赠容易带来危害，因此

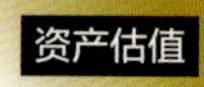
资产估值 3360亿美元（以现在的价值换算）

1839年生于美国

他只选择明智的捐赠。洛克菲勒基金会至今仍在全球范围内发挥作用。

Hint

真正的富豪会把节约精神作为遗产，连同他的财富一起留给后人

轶闻

洛克菲勒从18岁开始直到晚年，一直保留着一个小本子，上面详细记录收支情况、储蓄与投资，甚至1美分也要记录，他把它叫作“记账本A”。这个账本不仅帮他养成良好的金钱管理习惯，还能防止浪费。洛克菲勒也把这种习惯传递给孩子们，成为家族的精神基石。可以说，好习惯的传承才是洛克菲勒留给后人的最大遗产。

10美分的意义

POINT

无论多富有，也不能忘记10美分的重要性

不要浪费金钱

我有很多钱，但每次都点同一种汉堡。

——微软创始人 比尔·盖茨

CHECK POINT!

专注工作的人不会浪费

比尔·盖茨专注于事业与慈善，是一位从不浪费的自然派勤俭家。

盖茨的金钱欲比普通人强烈得多。他在高中时期就下决心“在30岁之前成为百万富翁”，到了大学时代，他又大胆宣布“25岁之前，要赚到100万美元”。

他的欲望在1986年得以实现。微软股票上市后，盖茨获得了3亿美元以上的巨额资产。但是，面对起起落落的股票价格而心神不宁的员工，他这样提醒：“不要在财富的数字中迷失。这是愚蠢的行为，高科技产业股票本身就是变化无常的。”

后来，盖茨向自己以前就读的高中捐赠220万美元，在这里，他对计算机的热情被点燃。但是，当他购买自己梦想多年的船只时，却宁肯走一天累到筋疲力尽，只为寻找1万2000美元的廉价品。

在成为世界首富的过程中，他只关注微软的销售额，对自己的资产却是冷静处之。

“我从不在乎金钱，所以也不会去关注股票市场的变化。金钱不是工作的消遣方式。”盖茨如此说道。

他的生活方式依然没有改变。

盖茨说：“我有很多钱，但每次都点同一种汉堡。”聚餐时，他会让员工享用高级的红酒，自己只吃同样的汉堡。

盖茨只关心软件开发与赢过对手，除此之外，他毫不在意。

Hint

生活方式不须改变，把变化放到工作中寻求

金钱如何使用？

盖茨对慈善事业的关注是在2000年与妻子梅琳达共同建立梅林达·盖茨基金会之后，2006年，巴菲特加入该基金会，梅林达·盖茨基金会成为全球最大的慈善团体，在世界各地发挥着积极影响。对此，盖茨谈道：

“将财富施予需要的人，不是浪费。假如你赚了5000万美元，如果只用于建造自己的房子，这只能称为消费。因为你没有

资产估值 792亿美元

1955年生于美国

将财富分给穷人，只是为了自己来使用它。”

他继续说，

“让财富循环，这是我们的义务。地位越高，责任越大。我希望大家一起承担起这份责任。”

Hint

浪费就是只为自己花钱

轶闻

盖茨作为计算机领域的霸主，也曾受到垄断市场的指责。“成功也有不快乐。”他如此说道。但是，盖茨带着这种“无论何时，只能奋不顾身勇往直前”的信念奔走在成功的路上，永争第一的性格是他不变的原动力。

只关心销售额，但是对自己的财产淡然处之

POINT

金钱，不允许浪费

彻底丢弃乱花钱的行为

如果我奢侈浪费，如何能够提倡员工勤俭节约呢？

——宜家公司创始人 英瓦尔·坎普拉德

资产估值 35亿美元

1926年生于瑞典

不奢侈浪费  不乱花钱 贯彻信念 

世界最抠门儿男人的节约术

知道世界家具连锁店——宜家创始人英瓦尔·坎普拉德名字的人不多，其实他是一位超级富豪。同时，他又被称为“世界最抠门儿的男人”。

很多富豪早早就踏入生意的门槛，坎普拉德也不例外，他在5岁时就开始做起火柴生意，以1欧尔购入，再以2~5欧尔卖出。

1934年，17岁的坎普拉德在瑞典成立了宜家公司，邮购小百货。不久，开始销售家具产品。他以邮购零售与实物展示的销售方式获得了成功。虽然在牺牲品质的低价竞争中曾一度陷入低迷，后来通过制造高品质低价格的家具在共产圈中不断扩大事业规模。

坎普拉德在重视品质与设计的同时，将“不惜任何辛劳，也要降低价格”作为其最大信条。因此，宜家引进了自助式服务系统，同时进行大规模的经费缩减。他认为，浪费是人类最大的通病之一，为了提高员工的节约意识，坎普拉德让他们展开了电费节约竞争。

坎普拉德本人非常节俭，乘飞机从来都是坐经济舱，坐火车也是坐二等车厢，他总是在网上选择最便宜的酒店和车票。他这样说：“如果我奢侈浪费，如何能够提倡员工勤俭节约呢？这是领导力的问题。”

他甚至会将一次性餐具重新洗过继续使用，去跳蚤市场淘旧货。但是，这位富豪也很抠门儿，他不交税，不向任何慈善机构捐款。

Hint

展开节约竞争可以帮助提高金钱意识

不需要有钱人的生活

图片提供：@视觉中国

为什么要如此节俭？坎普拉德生于瑞典南部的斯莫兰省，这是一个非常贫穷的地方。当地有这样一种说法：

“无论你有多少钱、挣多少钱，没什么了不起。重要的是，你花了多少钱。即使穷人，只要不乱花钱，也能成为有钱人。”

坎普拉德将这种思想深深贯彻到公司和三个孩子身上。所以，他们没有一个人过着真正有钱人的生活，而且，他们认为，如果是真的有钱人，也没有必要向别人显露。

对于节俭的理由，坎普拉德自己的解释是，为了能够跟普通人在一起。

轶闻

每当出现坎普拉德成为世界富豪的报道，宜家立即出面证明信息不实，宜家的所有者是财团法人，虽然坎普拉德是财团总裁但并非宜家所有人。宜家的资产并不等于坎普拉德的资产。事实上，坎普拉德的资产状况非常复杂，至今仍是一个谜团。

Hint

比起拥有的钱，花多少钱更重要

对己对人，贯彻节俭

POINT

如果真正做到不乱花钱，就能成为有钱人

1美元也能变成20美元。厉行节约，正确投资，

——量子基金共同创建人 吉姆·罗杰斯

花每一笔钱之前必须做好充分调查

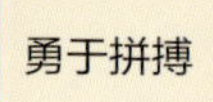

资产估值 3亿美元（非公开）

1949年生于美国

节约、投资

吉姆·罗杰斯与沃伦·巴菲特、乔治·索罗斯并称为全球三大金融巨头。他从耶鲁大学、牛津大学毕业后，1970年与索罗斯成立量子基金。1980年，37岁的罗杰斯从量子基金退出，至此，他的投资达到了3365%的惊人收益率。

罗杰斯选择进入华尔街的原因是他相信可以大赚。“我想一直保持自由。但是自由需要金钱，我想赚到足以让我获得自由的金钱。”罗杰斯这样说。

罗杰斯5岁时就开始捡空瓶赚钱，6岁向父亲借钱购买设备。而且，他学习勤奋，将大学时获得的奖学金也用来投资，热衷于赚钱。

但是，他的两次婚姻都以失败结束。谈到离婚的原因，他这样说：“我认为不需要买新的沙发。节约、然后正确投资，1美元也可以变成20美元。”

Hint

5岁就能开始赚钱

做好充分调查

罗杰斯离开量子基金后，作为巨富的他展开了周游世界、担任大学教授及电视节目主持人等丰富多彩的活动，尽情享受着自由。

于是，他把自己从经验中获得的成功之道这样教给自己的孩子：

①马上开始

想做什么与年龄无关，想要做什么就要鼓起勇气马上开始。

②做喜欢的事

罗杰斯在学生时代，他发现自己相比创业更喜欢投资。于是，他奔向华尔街，那里是投资者的天下。“做一些事情，然后从中选择最喜欢的一件并坚持下去。”这是成功的关键。喜欢的事情就能做好，这样就能更容易成功。即使

图片提供：@视觉中国

不会成为第一，也能感受到幸福。

③充分调查

做事之前要做好充分调查。

不是“我认为（think）股价会上涨”，而要做到“我知道（know）股价会上涨”。

这是不可偷懒的工作。

罗杰斯曾在纳米比亚以500美元的价格购得一块据称价值7万美元的钻石，后来发现那只是一块玻璃玉。因为之前没有仔细调查，才将玻璃玉当成了钻石。

轶闻

罗杰斯曾创造两项吉尼斯纪录。1990—1992年，他驾驶摩托车行驶约6万5000英里，周游世界。1999—2002年驾驶一辆经改造的奔驰穿越116个国家，第二次环游世界。从此体验中，罗杰斯总结出，理想居所是19世纪的英国，20世纪的美国，21世纪的亚洲。

Hint

行动的标准是“知道”，而不是“认为”

成为有钱人的3个方法

❶ 马上开始

❸ 充分调查

POINT

判断事物的前提是，做好充分调查

不要恐惧与众不同的金钱使用方式

把投资广告的资金用来降低价格。

——Inditex集团创始人

阿曼西奥·奥特加

资产估值 645亿美元

1936年生于西班牙

贯彻信念 

不被常识束缚 

不怕放弃

每一位员工都享有公司股票

Inditex是世界知名的服装零售集团，旗下拥有ZARA等著名品牌。创始人阿曼西奥·奥特加的起点之一，来自幼年时在服装店打工的经历。

奥特加14岁开始在服装店打工，从配送员到店员，再到店铺负责人，一步步晋升。但是，后来他离开了这家店。因为，他的销售提案没有被采纳。“如果领导再多听我讲一讲，也许现在我还在为他工作。”他这样表达了对服装店的喜爱。但是，对于自信的提案得不到认可，他认为没有继续留下来的必要。

之后，奥特加承担成衣制造的转包业务等，于1975年开了ZARA的1号店，并顺利展开店铺网。

奥特加从自身经验出发，无论职位高低，会认真倾听每一位员工的意见。三人行，必有我师。如果足够优秀，仓库青年的创意也会被采纳，这是ZARA的传统。

他对管理人员讲：“希望你们爱护所有人，这样可以成就一切。”他对员工严格要求的同时是对他们的慷慨的回报。公司股票上市，奥特加宣布，全体员工不分职位、国籍，每人都能享受工作年限×50股的股票福利。当然，他也没有忘记教育员工“公司内部竞争并不是员工之间彼此的领地之争，而是与其他公司的领地争夺。”

Hint

认可与自己不同想法的人

把投资广告的资金用来降低价格

奥特加坚持把钱用于顾客。

例如：ZARA几乎不做广告，虽然会有夏冬两季的促销广告，但是包括新店开业在内几乎没有任何广告宣传。

当被问及“广告不是必需的吗？”他回答道：“广告的受益者是谁呢？是企业而不是顾客。”

“所以，我们决定把投资广告的资

图片提供：@视觉中国

金用来提高产品质量，降低产品价格。”奥特加补充道。

他认为，企业的生存依靠顾客，而不是广告。

为广告投资就是损害顾客的利益。

轶闻

奥特加是一位神秘人物，很少有人见到他的真实面孔。有很长一段时间，他既不接受采访也不出席股东大会。甚至在2001年Inditex股票上市之前，除了一张身份证的照片，没有人见到他的身影。虽然后来有几张照片被公开，但正面照少之又少，奥特加一直小心翼翼地保护着自己的隐私。

Hint

即使与别人不同，也要坚持自己的信念

坚持一切为顾客着想

POINT

重视与众不同的想法

控制自己

凡事要有节制。没有奢侈的兴趣爱好。

——电信企业家 卡洛斯·斯利姆·埃卢

资产估值 771亿美元

1940年生于墨西哥

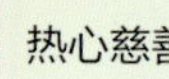

热心慈善

不奢侈 不浪费

新兴国家的第一位世界首富

自2010年开始的4年期间，占据《福布斯》世界富豪排行榜第一位的是被称为“中南美电信大王”的卡洛斯·斯利姆·埃卢。

1995—2009年的15年间，排在富豪榜第一位的是美国人盖茨或巴菲特，之前则是日本的堤义明（西武铁路前总裁）或森泰吉郎（森大厦集团创始人），他们都是发达国家的有钱人。因此，卡洛斯的登场无疑给了新兴国家极大的鼓舞。

12岁就开始做股票交易的卡洛斯，从墨西哥国立自治大学毕业后，于1965年创立卡拉斯（Grupo Galas），通过收购烟草公司、汽车零部件公司等不断扩大规模。

1982年墨西哥的债务危机成为其最大转机，在大量国营关联企业被低价卖掉的背后，卡洛斯看到了机会，他决定积极投资。债务危机平息不久，卡洛斯收购的企业实现价值暴涨，由此积聚了巨额财富。

Hint

只有早开始，才能抓住机会

控制欲望

20世纪90年代，卡洛斯收购了墨西哥的国营电话公司（Telmex），之后便垄断了国内的固定电话、移动电话、有线电视等电信业务。卡拉斯（Grupo Galas）也继续在制造、销售、石油开采、铁路等领域进行投资，不断发展壮大。

最终，卡洛斯的个人资产几乎占了墨西哥GDP的7%，而且，由于对国内电信业的垄断，也引来了资费过高的批评。

尽管如此，卡洛斯丝毫没有给人留下挥金如土的印象。被问及成功的原因，他回答：“相比世界上的竞争对手，我只是在坚持一份有价值的工作。仅此而已。”据说，他的办公室也极其简单朴素，固定月薪2万4000

图片提供：@视觉中国

美元。他说："我是一个正直的人，我的孩子也是。我们没有奢侈的兴趣爱好，做任何事都有节制。"

2008年，卡洛斯设立墨西哥电话公司（Telmex）财团，同卡洛斯·斯利姆财团一起进行为公立学校捐赠电脑、支持大学入学等多种慈善活动。2011年，以离世妻子的名字命名的苏玛雅美术馆也向公众免费开放。

在新兴国家的发展中，也许还会有第二个、第三个卡洛斯出现吧。

轶闻

20世纪70年代墨西哥兴起一股石油投资热潮，这里聚集了世界各地的投资者。但是，进入80年代后，美国由于金价上涨而提高对外债务利率，导致超过墨西哥的财政负担能力。政府宣布暂停还债，国内开始出现严重的通货膨胀和失业现象。这次债务危机成为卡洛斯的转机。

Hint

面对巨额财富，你可以控制自己吗？

凡事要有节制

82年的墨西哥债务危机

POINT

做一个可以控制自己欲望的人

不要把资产分散管理

但是，守成需要智慧。笨蛋也能赚钱。

科尼利尔斯·范德比尔特

——铁路企业家、航运企业家

资产估值 23亿3330万美元（以现在的价值换算）

1794年生于美国

CHECK POINT!

击败对手

科尼利尔斯·范德比尔特在铁路、航运界被称为“提督”，积聚了亿万财富。但是，在他逝世后的100年——1973年，大约120人的家族成员中，却没有一人可以登上百万富豪排行榜。在美国的家族企业中，能够延续繁荣4代的大约占3%，与此相比，范德比尔特家族似乎走向了没落。

范德比尔特充满了冒险精神。15岁时向母亲借钱购买小型帆船，开始运送士兵和物资的生意。24岁争取到沿岸航线的行驶权利，正式展开他的事业。他利用极低的运费击败竞争对手，以此垄断市场再提高价格。利用这样的手段，他获得了极大的利润。同时，他也大幅缩减服务及费用。当然，钻国家司法的空子也是常事。

1862年，范德比尔特将全部船只卖掉，开始进军铁路事业。他与当时垄断石油业的洛克菲勒联手，获得了巨额利润。他们都善于以极低的价格击败竞争对手，而后获取高额利润。

Hint

利用一切手段，垄断市场

不要把资产分散管理

1877年，范德比尔特将去世，他将几乎全部财产留给儿子威廉·范德比尔特（比尔）。他叮嘱儿子：“要守住财富。”“笨蛋也能赚钱，但是，守住金钱需要智慧。”

比尔没有令父亲失望，8年内，他将父亲的资产翻了一倍。他严格控制支出，坚持“利益至上”，一生都在追逐金钱。

但是，这样的人生没有给他带来快乐。他感叹道：“2亿美元给我带来的只有不堪重负。”

比尔去世以后，与父亲不同，他将财产分给了两个儿子。并留下遗嘱，两位继承人永久性分割各自的财产。

虽然是亿万财产，但是如果财产不断被分割，而且每人购置豪华宅邸、搜集昂贵的艺术品，过着挥金如土的生活，总有一天巨额财富也会被挥霍尽。

将节约抛诸脑后的范德比尔特家族，最终将豪华宅邸转手他人，1947年，最后一栋房产也被卖出。其中一位家族后人感慨道："财产继承对我们来说只不过是幸福的绊脚石。"

轶闻

范德比尔特只对金钱感兴趣。他说："我的一生，都在拼命地研究如何赚钱。"马克·吐温曾担心地表示："你要做些有价值的事情被人夸赞。否则，你若成了榜样，说不定会出现500个范德比尔特。"在他的笔下，范德比尔特是一个粗野且令人难以接受的人物。

Hint

财产分割增加了不幸的人

守成需要智慧

POINT

财产的分割让人远离了幸福

他们如何教育子女

引导孩子走向自立的理想金额是50万美元?

大概富豪们最大的烦恼之一是如何教育子女吧。虽然有人会纵容孩子穷奢极欲的生活，但大部分富豪对孩子的教育是十分严格的。

沃伦・巴菲特是其中的代表之一。岂止奢侈的生活，他对待自己的孩子就如同对员工一样严格。每当孩子撒娇要求什么，他总是细心考察是否适合孩子再决定是否满足他们的要求。

有一次，他告诉朋友说："每个圣诞节我都会给孩子们几千美元，到我去世的时候计划给他们每人留50万美元。""你给他们留这么少，是不是不爱他们？"朋友竟然流下眼泪。

但是，巴菲特认为，如果想创业，50万美元是足够的。如果懒惰不思进取，这笔钱也不足以维持生活。为了让孩子们自己开拓人生，50万是一个刚刚好的数字。

还有一次，女儿向他借3万美元的装修费，竟被他一口回绝，"去银行贷款吧"。他接着说，"在足球队里，不能因为父亲是有名的四分卫，孩子第一次出场就能继承四分卫的位置啊。"

钱财也是压力

这种对子女的严格要求也体现在约翰・洛克菲勒的教育中。英瓦尔・坎普拉德（46页）也是如此。在将宜家移交给财团所有时，他曾故意对孩子们说："从今天开始，宜家就不属于我们了。我们家里也没有钱了。"

虽然这让孩子们大受打击，但坎普拉德解释说，他不希望孩子们产生这种有钱就可以不用努力的错误思想。

而巴菲特认为，将巨额财产留给孩子，无非是将他们宠坏。但最根本的原因在于，在讲究机会均等的美国，继承巨额财富是令人无法理解的。

大多数富豪认为，财富来自社会，他们只是行使暂时保管的权利，最终必须返还社会。

也有人认为，巨额财富本身就是一种压力。

为了赚钱而得罪人，把人当作垫脚石的事例也不在少数。而成为有钱人之后遭人嫉恨、中伤也是常事。为了减轻这种压力，很多人选择参与慈善事业。

拥有金钱本身亦非易事，何况要考虑如何将财富留给孩子呢。

第4章

成己为人，成人达己

不过是一个诱人的副产品而已。经济上的成功，

——谷歌公司创始人

拉里·佩奇

资产估值 **297亿美元**

1973年生于美国

做喜欢的事

以工作奉献社会

金钱不是目标

不以利益为目的

在IT界的创业成功者中有很多像乔布斯或贝佐斯这样执着于理想与事业，而淡泊钱财的人。哪怕以利益优先的盖茨也与拜金主义毫不相干。与谢尔盖·布林一起创建谷歌的拉里·佩奇便是如此。

佩奇在少年时期就有以发明改变世界的远大理想。在斯坦福大学攻读博士学位期间，他产生了将全部网页下载获得链接记录这种创新性搜索引擎的发明灵感。

因此，谷歌创业的目的不是赚钱，而是开发搜索引擎。当时，他们也曾考虑将技术卖给雅虎等搜索引擎公司，但是没有公司购买。

谷歌于1998年成立，两年后发展为世界最大的搜索引擎。但是，佩奇对公司收益毫不关心。导致投资公司十分担忧，而将职业经理人埃里克·施密特推上了CEO的位置。最终，谷歌于2004年实现了股票上市。

Hint

梦想为先，金钱第二

坚信“我能改变世界”

虽然佩奇获得了巨额财富，但他通过投资新的领域再次贡献社会，努力改变着世界。“创立谷歌，是因为不满意当时的搜索引擎技术。如果说我们在经济上获得了成功的话，这种成功也只

图片提供：@视觉中国

是由偏离最初目标而产生的副产品。”佩奇如此说道。

赞助人造牛肉等地球环境项目的布林表达了这样的看法。

“如果我们做的事情并不像SF这样令人难以置信的话，那就不能成为革新了。”

虽然谷歌已成为全球最大的搜索引擎，但是佩奇和布林两人依然没有停止对理想的追求。

轶闻

在谷歌股票上市的声明中，有一条特别的说明。“我们正在筹建谷歌基金，计划将净资产额和利润的1%投入其中。我们希望，在影响力方面，谷歌基金会在某一天超过谷歌本身。”

Hint

全力追梦

执着地追求梦想

POINT

梦想与兴趣为先，金钱自会追随你

让人们喜欢你

被多少人喜爱，是衡量人生成功与否的标尺。

——伯克希尔·哈撒韦公司总裁 沃伦·巴菲特

资产估值 727亿美元

1930年生于美国

机会对每个人都是公平的

沃伦·巴菲特是一位高风亮节的亿万富豪。他认为，金钱是一张必须返还社会的存单，应竭力避免任何浪费。他居住在奥马哈市的老房子里，月薪只有1美元，每天的食物只有可乐和三明治。

如此节俭的生活与居住在华尔街的人们形成鲜明对比，那里的人们具有强烈的欲望，不惜毁灭对手获得利益，他们贪得无厌，过着骄奢淫逸的生活。

很多人是因为继承父母的遗产而成为有钱人，巴菲特则是白手起家，而且他并不打算把资产留给孩子。他坚持“支出要小于收入”“不借别人的钱”这样的原则不断增加财富。

“对于有才能的人来说，每个人都拥有获得成功的公平机会。这也应该是美国精神。如果只是因为出生在富裕的家庭中就认为可以无条件地取得高高的社会地位，那就不是美国了。”巴菲特说道。

Hint

金钱必须返还社会

你被多少人喜爱呢?

关于财富的使用，巴菲特认为它与幸福和义务密切相关。关于幸福，他这样说：

“在你希望得到别人的喜爱时，真正能够得到多少人的喜爱是衡量人生成功与否的标尺。”

“到了我这样的年纪，如果不被人记得，即使银行有再多的存款也是一个失败的人生。”巴菲特如此补充道。而且，他从来没有因为钱而抛弃朋友和老熟人。即使有巨大的利益摆在面前也没有改变。

“沃伦具有非常强的竞争力，但是，他从来不会炫耀没有道义心的赤裸之力。”巴菲特的搭档查理·芒格这样评价道。

关于义务，巴菲特则认为，作为幸运的1%，有义务为剩余的99%的普通人谋利。2006年，他决定将所持有的伯克希尔·哈撒韦公司的一半以上的股票长期捐赠给梅琳达·盖茨基金会。这个决定标志着两位世界超级富豪将财产奉献给慈善事业，带有划时代的伟大意义。因其高尚的品格，巴菲特本人也被称为“奥马哈的贤人”。

Hint

不被人爱戴的人生是失败的

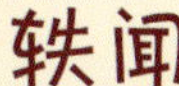

巴菲特虽然善于理财，但在慈善事业方面，他的老友盖茨更胜一筹，为了将自己的资产“从最初的1美元到最后的1美元有效利用”，巴菲特选择了盖茨基金。与此相呼应，卡洛斯·斯利姆、李嘉诚（66页）、演员成龙等人也积极参与慈善事业活动。

巴菲特的财富哲学

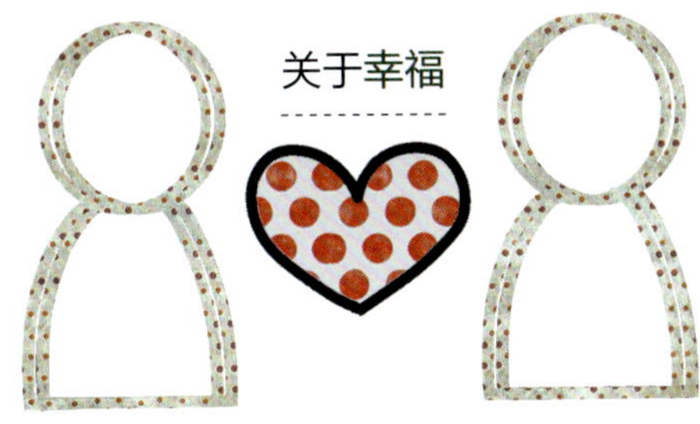

能够被多少人喜爱
是衡量成功的标尺

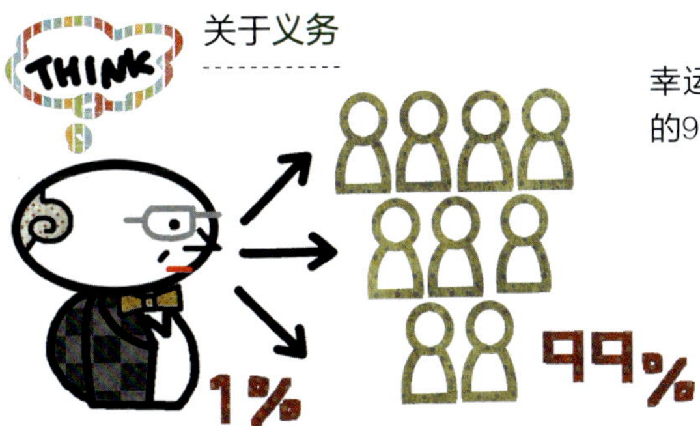

幸运的1%必须为剩余
的99%的普通人谋利

POINT

成为受人爱戴的人

思考金钱的最大使用价值

发挥其最大的社会价值，把财富当作信托资产

——企业家 安德鲁·卡内基

资产估值 2983亿美元（以现在的价值换算）

1835年生于英国

专注一事 热心慈善 把逆境当作跳板

从铁路转向钢铁

1870—1900年初期是美国的“镀金时代”，诞生了洛克菲勒、范德比尔特这样的大富豪，“钢铁大王”安德鲁·卡内基也是其中之一。

卡内基出生在英国，家境贫寒，他立志要为要家人创造好的生活。1848年，卡内基一家迁往美国。12岁的他开始打工，先后做过电报配送员、铁路电气技术员，他一边工作，一边进行投资。投资为他带来了几倍于工资的收入。

1865年，他开始涉足与铁路具有紧密联系的钢铁业。精于价格管理的卡内基通过大幅削减成本、革新技术，获得极大成功。他将自己的成功归于“集中”。“想要成为杰出的成功者，先成为这个领域的专家。我从不相信分散资产的做法。成功就是选择一个领域，并埋头于此不断努力。”

他将资金集中到钢铁事业中，极力降低成本价格，甚至被称为“啰唆的簿记员”，同时致力生产改革，这都是卡内基的做法。

Hint

成功属于在一个领域专心致志的人

财富的最佳使用方法

对于如何使用巨额财富，卡内基有自己的哲学。首先要杜绝虚荣与奢侈，生活规范而俭朴。第二，为了保证家人能过上舒适的生活，要厉行节约。除此之外，更重要的一点是奉献社会。

卡内基说：“多余的财富是需要有效利用的信托资产，为了让它发挥最大的社会价值，我一直在思考最佳的使用方法。这也是富豪的义务。”

财富的使用方法有三种。

第一种是留给自己的家人，这是最轻率的做法。卡内基认为，如果遗产继承者愚行不断，地价下降，有钱人最终也会变成穷人。

第二种是将自己的遗产捐赠给公共事业。但是，这就如同还没有为社会做出贡献就离开了这个世界，很多时候并不能达到所要的目的。

第三种方式是在有生之年将其有效利用，是最佳的使用方法。这不是鲁莽轻率的做法，而是以“天助自助者”的精神帮助那些有上进心的人。

此外，卡内基还出资建立了卡内基音乐厅、卡内基梅隆大学，参与了众多慈善事业项目。他对社会做出的巨大奉献，其成果在今天依然发挥着积极影响。

轶闻

卡内基是一个贪婪的经营者。他认为，经营者只有赚钱或者不赚钱两种选择，不存在中间项。赚钱是一种“善”，由此而产生的“差距”，也远远好过贫穷的心态。差距本身并不是“恶”。

Hint

正确使用财富，是有钱人的义务

卡内基的金钱使用方法

×

将财产留给家人

遗赠给公共事业

○

好吧，我来给你投资

在有生之年思考能够发挥金钱最大社会价值的使用方法

POINT

对金钱的使用方式负有必须的责任

在保证质量的前提下降低价格，换来的是购买者数量的增加。

亨利·福特

——福特汽车公司创始人

资产估值 1881亿美元（以现在的价值换算）

1863年生于美国

以工作奉献社会

为他人带来幸福

虽然汽车之父是卡尔·本茨，但是将汽车这种有钱人才能享受的奢侈交通工具实现大众化的是福特汽车公司创始人，发明家亨利·福特。他通过大批量生产与技术革新，降低汽车价格，同时提高工人的工资，使普通人也能买得起汽车。

福特汽车公司成立于1903年，福特的汽车哲学是这样的。

“以现代技术做出最简洁的设计，雇佣最优秀的熟练技术工，用最好的材料组装。但是，汽车价格要低，让普通的工薪族也能买得起。”“即在保证质量的前提下降低价格，这样就会吸引越来越多的潜在消费者。”福特如此解释。

事实上，福特汽车的价格从825美元/辆降到600美元/辆、400美元/辆，并于1916年低至300美元/辆，凭借如此优势，福特汽车在低价汽车市场占到了90%以上的份额。其代表车型T型福特在全世界共生产出1500多万辆，给诸多领域带来了革命。

Hint

为每个人的生活带来革命

财富的返还带来事业的繁荣

不仅如此，每当公司获得盈利福特就会大胆地提高工人的工资。在当时的汽车制造业，工人平均每天工作9~10小时，工资不到2美元50美分，但是在1914年，福特率先实行8小时工作制，并将工资提高到5美元。

福特认为，全国性的高工资会带来全国性的繁荣。如果把财富返还给员工，就能刺激消费。

店主、零售商、工厂有了盈利，劳动者也能获益，而这与汽车的销售额紧密相连。

晚年的福特由于反犹太主义活动而受到批判，也有人评价其成就被长子埃兹尔超过等，虽然生活并不平静，福特还是通过设立基金为社会做出了贡献。

福特与埃兹尔一道投入福特汽车公司90%的股票设立的基金会曾经是美国最大的基金会。原本只是以公司本部底特律为中心进行区域性活动，1950年以后，活动范围扩大至全球。

Hint

双赢创造财富

轶闻

福特创造的生产方式被称为“福特系统”。这种“简洁”“作业标准化”“生产自动化”“严把原料关”的方式与精神，现在依然被丰田所沿用。福特曾经在爱迪生照明公司工作，他向爱迪生谈起自己的汽车梦想，得到了这位发明大王的鼓励。

改变人们的生活

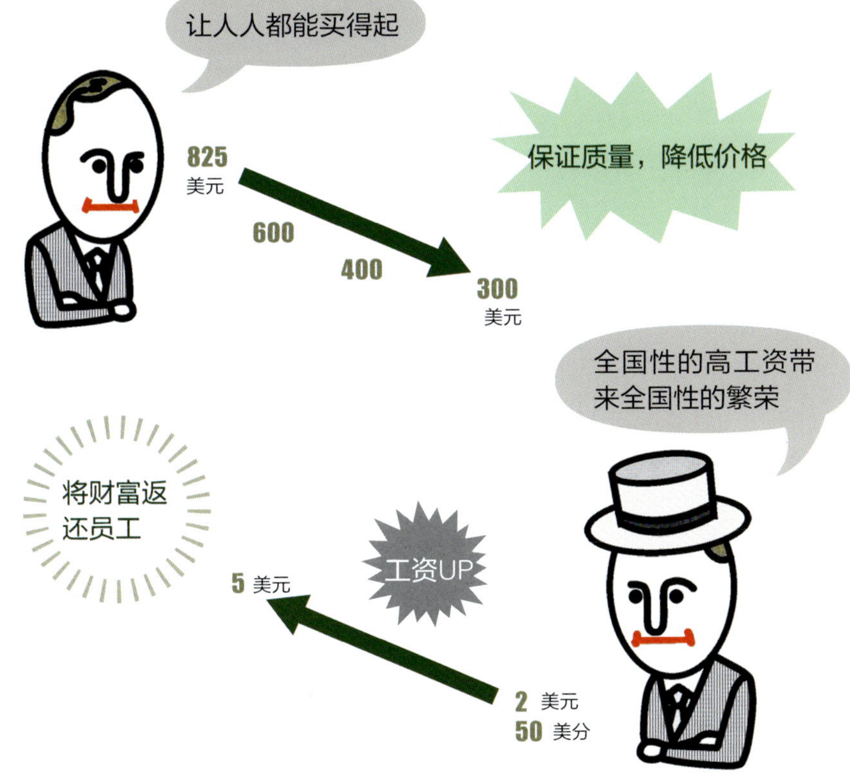

POINT

世界的繁荣带来个人的发展

关乎人生幸福的重要因素

金钱不能给你充分的幸福感，只有贡献才能够填补内心的空虚。

——长江实业集团创始人 李嘉诚

资产估值 333亿美元

1928年生于中国

不怕改变 

热心慈善 

把逆境当作跳板 

看到机会马上行动

长江实业集团创始人李嘉诚，是中国香港富豪的代表性人物。

李嘉诚家境贫寒，小时候，他每天放学后就去捡垃圾，赚钱贴补家用。1940年，为躲避日军的袭击，全家移居到英国统治下的香港。不久，父亲病逝，14岁的李嘉诚担负起家庭重担，被迫辍学在一家五金行做推销员。

有一次，他向客户推销五金产品，客人却选择了塑料制品。这件事给了李嘉诚新的启发，他判断五金业属于夕阳产业，于是立刻转向了塑料制品行业，并在18岁升任销售经理。

1950年，李嘉诚创立一家小型塑胶厂，产销渐入佳境。后来，他得知意大利一家公司利用塑胶原料制造塑胶花，正全面倾销市场。这则消息使李嘉诚意识到：利用香港的廉价劳动力，塑胶花也会热销。

但是，当时的他还不具备购买特殊材料的资金以及合作能力。于是，李嘉诚来到意大利，在工厂偷偷学习生产技术，最终制造出与意大利同样品质且价格低廉的“香港塑胶花”。

香港塑胶花随即成为热销产品，占据全球市场的80%。至1958年销售额超过1000万港币时，李嘉诚还不到30岁。

同年，香港爆发了房地产泡沫。当时以近乎零借贷经营的李嘉诚不断购入价格暴跌的房地产，正式向房地产业进军。对此，他这样回忆道：“当市场稳定时，要勇于前进；市场发展时，要冷静行动。这是我的理念。”

Hint

以最快的速度判断并行动

获得幸福的重要因素

之后，李嘉诚的事业不断扩大，1972年改名为长江实业集团并上市。

成为著名企业家的李嘉诚开始设立“李嘉诚基金”，并

图片提供：@视觉中国

热心参与慈善事业。他在故乡广东潮州附近创立大学，2004年向苏门答腊岛地震捐款援助灾民。

他被《福布斯》评选为“亚洲最伟大的慈善家”，被《时代》杂志评选为“世界慈善家”。

谈及慈善活动的理由，他表达了这样的看法。

“金钱的确可以给人安全感。但是，它不能给你充分的幸福感。把钱奉献给需要的人，才可以填补内心的空虚。”

轶闻

李嘉诚曾说过这样的话：“我在30岁之前就已经拥有了足以维持一生舒适生活的金钱。最初为了成为有钱人过上幸福的生活而创业，当实现了最初的梦想，拥有了一切，反而内心感到了空虚。我有数不清的财富，健康的身体，为什么感受不到幸福？”

Hint

幸福是什么？需要自己寻找答案

人生中重要的事

POINT

只有金钱，是不会获得幸福的

若陷入奢侈，就不能专心为顾客服务。

——沃尔玛公司创始人 山姆·沃尔顿

何谓「顾客是上帝」

山姆·沃尔顿的生活就如同“美国乡下叔叔”一般

当默默无闻的他在1985年登上《福布斯》美国第一富豪榜时，大批的记者涌向沃尔顿的老家阿肯色州。他们以为会看到豪华的泳池与美女群，然而当看到这位美国第一富豪的简朴生活时，不禁大失所望：沃尔顿开着一辆破旧不堪的小货运卡车上下班，车后还载着猎犬。当记者问他为何不乘坐劳斯莱斯时，他回答：“因为不能载猎犬。”

沃尔顿的朴素与节俭，都是为了顾客。

他从7岁开始做杂志的预约推销员，后来做过报童帮助家庭。这些经历帮他认识到了赚钱的辛苦和骄傲。

在小零售业磨砺5年后的1962年，沃尔顿开了第一家折扣店“沃尔玛”。他的目标不是针对重点商品的折扣，而是所有商品的减价。

例如，将50美分购入的商品定价为2美元，若以1美元50美分的价格出售也会获得很高的利润。但是，沃尔顿坚持的原则是，因为是50美分购入，定价不能超过30%的利润。这源于他设身处地为顾客着想：“当我买到好的商品时，也希望顾客买到好的商品。”

关于经营理念，他这样说：

“我们的使命是为顾客提供价值，价值不仅包含品质与服务，还要为顾客节省开支。如果沃尔玛浪费了1美元，这会直接损害到顾客的利益。如果节约了1美元，就会领先于其他的竞争对手。”

Hint

为顾客着想

专注于重要的事

因此，沃尔顿自身在过着节俭生活的同时，也严格要求员工。由于沃尔玛的发展壮大，由公司股票获得大量财富的员工购买了奢华的汽车与房子，对此，沃尔顿在会议中曾厉声训斥。

他这样解释：

“豪宅与豪车，这不符合沃尔玛的企业文化。若陷入奢侈，就无法集中精力去做最重要的事情——为顾客服务了。”

资产估值 1490亿美元（家族合计）

1918年生于美国

凭借将公司经费严格控制在2%以内的彻底经费削减与“天天低价”的低价战略，沃尔玛成为世界最大的商品流通企业。

Hint

如果为顾客着想，就不应该奢侈浪费

浪费1美元，就会使顾客损失1美元

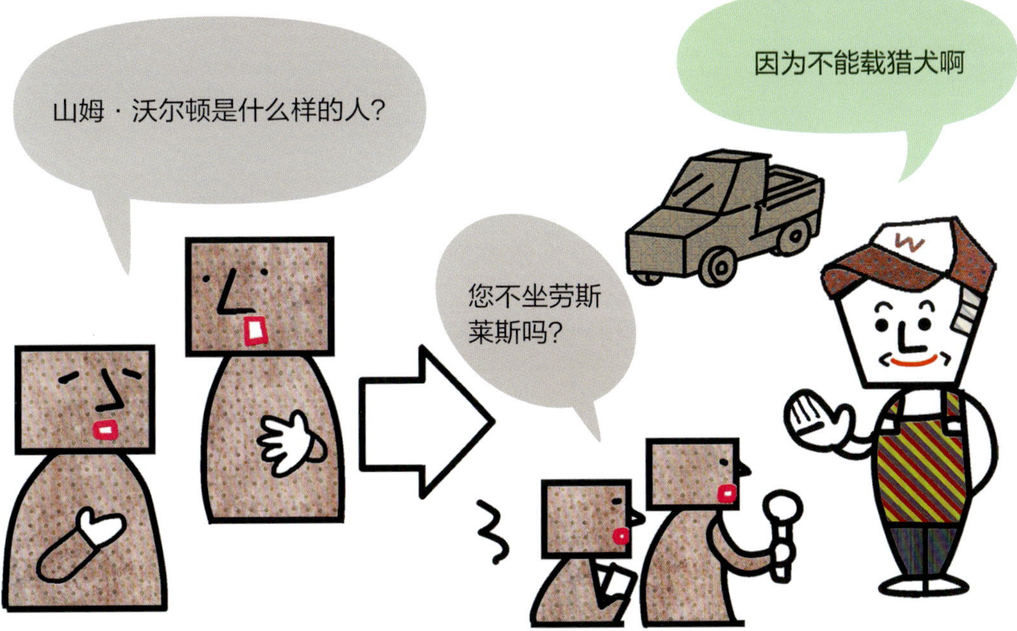

POINT

为顾客着想如何节约开支

轶闻

沃尔顿与员工一起去采购商品时，8人住在一间房。他本人曾驾驶过的小货车如今被放在沃尔玛本部展示，据说，看到的人都会感叹“这是世界最伟大的流通企业统帅的车！”这也是通过传承节俭精神来维护“一切为了顾客”的企业文化。

培养规范与伦理观

Wipro创造的财富，一点一点地回报给了国家。

——Wipro创始人 阿齐姆·普莱姆基

资产估值 191亿美元

1945年生于印度

CHECK POINT!

不做奢侈浪费

创造易于生存的国家

把逆境当作跳板

重视规范与伦理

与欧美企业相比，作为发展中国家印度的大企业带有不同的使命感。IT服务企业Wipro的创始人阿齐姆·普莱姆基便是如此，他非常重视企业的社会责任与伦理。

在斯坦福大学毕业前夕，由于父亲的突然离世而回国，普莱姆基接管了家族生意，一家拥有350名员工，销售额只有300万美元的蔬菜制品公司。他被人谩骂：“你这样的无能之人能做什么生意！”，然而，他大胆革新，在一个依靠计算、经验与手艺的公司里导入数字与分析的科学手法。改革获得成功，公司得以重生。

普莱姆基特别重视规范与伦理。当时的印度贪污成风，他坚持“无论是谁，只要不遵守规范就立马解雇”。

Hint

任何人都需要贯彻正确的行为

梦想是行动的源头

不久，普莱姆基将事业扩大至化妆品与油压零部件制造等领域，公司更名为Wipro。随后，开始做软件开发、设计。印度有着高水平的程序开发技术与价格低廉的劳动力，普莱姆基以此为武器与欧美企业抗衡。

他采用国际性的品质管理方式六西格玛和丰田的生产方式即精益生产系统，并与GE展开合作，最终成长为能够与IBM对抗的大型企业。

2006年，Wipro在纽约证券交易所成功上市。经过40年的发展，最初销售额只有300万美元的小企业最终成为销售额高达40亿美元的巨头。

图片提供：@视觉中国

虽然企业在不断发展壮大，不变的是，普莱姆基的节俭精神与对国家的责任感。

节俭是他的哲学。他说："希望员工能够以节约自己钱财的方式为公司节省。"他自己的生活也严格实践着对员工的要求。

由发展与节约带来的巨额财富，在用于维护顾客利益的同时，也被贡献给了印度。普莱姆基说："Wipro创造的财富，一点一点地回报给了国家。传达给员工的高度责任感，也在慢慢转化为社会的良知。"

这一点一滴便是增加教育和就业机会，让贫困地区的人们富裕起来。这样，也许会产生更多的大型企业，年轻人可以在国内找到更好的工作。因此，印度就会朝着更好的方向发展。这就是普莱姆基的梦想。

培育大型企业与人才

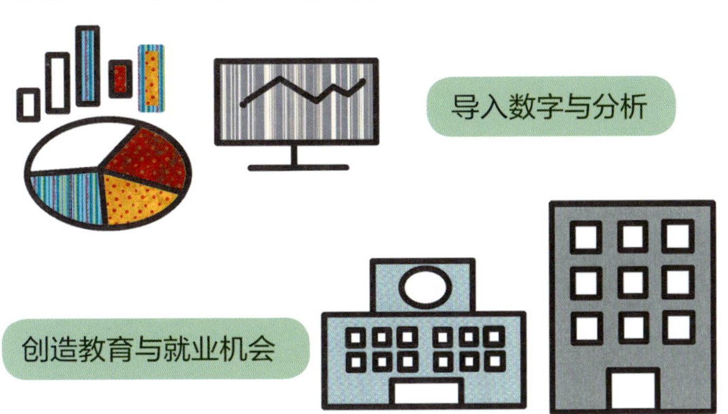

POINT

自己也严格实践对员工的要求

Hint

金钱应回报国家

轶闻

普莱姆基十分节俭，严格控制花费。他乘坐飞机只选经济舱，宾馆则是2~3人一间房，若是长期逗留在外，就会租赁便宜的公寓。他甚至亲自检查公司各个房间的关灯情况，不厌其烦地要求员工用手纸要节约。他的汽车一直用到坏掉。

改善整个社会的贫困状况

考问大企业的社会责任与道义。

——塔塔集团董事长

拉坦·塔塔

资产估值 不明（非公开）

1937年生于印度

CHECK POINT!

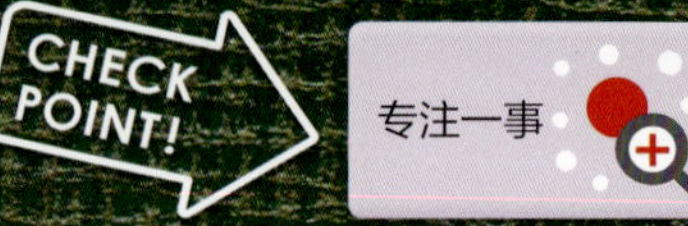

成功者应承担更多的社会责任

拉坦·塔塔是印度的巨大财阀塔塔集团的董事长，曾在美国大学就读，被IBM内定就职。回到印度之后他采取美国式的经营方式。

但是，他不认同高层得高薪的美国式做法。因此，他将收入的大部分投入了慈善事业。对此，拉坦表达了自己的看法：“在拥有大量贫困人口的印度社会，大企业的社会责任与道义受到考问。”

当然，印度也有奢侈的富豪。

拉克希米·米塔尔在世界闻名的法国凡尔赛宫为女儿举办婚礼，信实工业集团主席穆克什·安巴尼为自己建造一座27层的豪宅，总耗资据称世界之最。

但拉坦不同，他崇尚节俭。有人说这是因为塔塔集团的历史传统决定的，也有人说由于持股公司塔塔之子的存在而使拉坦个人的股份减少等。除此之外，塔塔的价值观——“企业应该承担社会责任”也是必不可少的影响因素。

Hint

越是成功者，社会责任越大

以强大的领导力推进事业发展

塔塔价值观的构筑者是集团创始人贾姆谢特吉·塔塔。1868年创立销售公司，以纺织业起家。在甘地出席的国民会议中，他作为代表参加。贾姆谢特吉认为只有发展产业才能使印度脱离贫困获得独立，为印度的经济发展而展开商业之路。

长子杜拉布·塔塔继承父亲遗志，先后创立钢铁厂、水力发电站、理工科高等教育机构等。

之后接手产业的拉坦·塔塔并不是塔塔家族的血缘亲族，而是姻戚。他曾在钢铁厂的高炉旁工作，并对几家公

图片提供：@视觉中国

司进行成功改制。

拉坦同时是一位铁腕领导。他贯彻着杰克·韦尔奇式的选择与集中方式，“集团旗下的各公司必须成为所在行业的前三，否则就会被出售或缩小，为前景光明的事业明确目标值并强力推进”。此外，通过收购英国著名克鲁斯（Corus）钢铁公司以及捷豹（Jaguar）汽车公司与路虎（Land Rover）汽车公司等，大大提高了塔塔集团的全球竞争力。

拉坦还热心慈善事业，他先后获得由英国颁布的亚洲大奖及商业领袖奖、洛克菲勒财团颁发的终身创新成就奖、大英帝国爵级司令勋章等各项大奖。

Hint

不断实现着塔塔的价值观

企业应承担社会责任

POINT

以坚强的意志实现自己的想法

轶闻

塔塔家族世代都是琐罗亚斯德教徒，与种姓制度无关。琐罗亚斯德教要求严格实行三德——善思、善语、善行，这与塔塔集团严格的企业管理制度紧密相关。拉坦的生活朴素，他经常驾驶的是一辆塔塔旅行车，即使长期出差也不会带助理而是独自行动。

用我的时间和金钱改善世界。

——彭博新闻社创始人 **迈克尔·彭博**

热心慈善 

创造易于生存的国家 

资产估值 355亿美元

1942年生于美国

与其为别人工作不如自己创业

综合信息服务提供商彭博新闻社创始人迈克尔·彭博，作为一名优秀的政治家也担任过纽约市长。他热心慈善公益事业，每年的捐赠数额高达数亿美元，列全美第一，他本人也获得公众的一致好评。彭博也是一名工作狂，他说："最喜欢周日的晚上，因为第二天早上醒来后就有满满的五天工作时间。"他坚持每周6天每天12小时的勤奋工作。

转机在他39岁时到来，工作了15年的所罗门兄弟公司将他解雇。彭博获得了1000万美元的遣散费，他认为"与其为别人工作不如自己创业"。虽然他将目标定为"追求远大的美国梦"，但是没有选择钢铁业和汽车制造业。

现代人的梦想之一是赚钱，于是，彭博想到了证券信息的提供服务。通过简便易用的软件向人们提供信息分析。

当时，金融与证券领域的中小企业或个人会花费高额费用进行信息的收集，再使用算盘、计算尺、台式电子计算机等进行数据处理。彭博意识到，如果能够提供一个价格低且使用方便的高效系统，一定能够受到欢迎。

Hint

金钱为自由而用

运气好的人应该做的事

彭博新闻社取得与美林证券的合作以后，不断获得新的客户。并于1990年开始发布商务新闻，最终超越了道琼斯、路透社等老牌咨询公司。

获得了巨额财富的彭博，不久便投身慈善事业与政治活动，并为此投入大量的时间和金钱。他说："对我而言，除了我的女儿和公司，最重要的就是慈善活动和公共服务。"他继续说道："像我这样运气好的人并不多，我很幸运。所以，我不能抱怨社会或者对不幸的人袖手旁观，而且要

图片提供：@视觉中国

给孩子创造一个更好的世界。我要用时间和金钱来改善它。”

彭博7岁时第一次参加志愿者活动。

虽然现在拥有了无数的财富，但是他认为人的需要是有限的，有钱人也不能一次睡两张床，人死后金钱也不会带走。所以，他用信托资产来帮助儿童，成立慈善基金。彭博也参加捐赠誓言，宣布会将自己一半的财产捐赠出去。

用时间和金钱改善世界

时间

最喜欢周日晚上，早上起来，又可以工作5天了

财富

不想错过为孩子们创造更好世界的机会

POINT

不是抱怨社会，而是用自己的力量来改变它

Hint

将幸运分享给他人

轶闻

彭博是一位严厉的管理者，有着深深的忧患意识。他经常激励员工“要用自己的方法去做”“只有自己才能决定自己的命运”，他也无情地表示“如果公司只增员不减员，就无法与其他公司拉开差距”。在担任纽约市长的12年间，他拒绝了20万美元的年薪，以年薪1美元为公众服务。

他们的家庭生活

财富可以增加，时间却不能

获得了成功和金钱，是不是意味着拥有了一切呢？事实并非如此，富豪也有不如意的事。

其中之一就是婚姻生活。由于对工作态度和金钱看法的差异而导致婚姻破裂的例子并不少。

美国太空探索技术公司（Spacex）、特斯拉汽车公司创始人埃隆·马斯克（86页）在大学时代与第一任妻子贾斯汀·威尔逊相遇。毕业后，马斯克创业成功并与贾斯汀结婚。拥有了豪宅、爱车迈凯伦、私人飞机的奢侈生活。

但是，马斯克每周工作100小时的疯狂以及强烈的大男子主义却给他们的婚姻带来了危机，两人争吵不断。

贾斯汀对他说："我是你的妻子啊!不是你的雇员。""如果你是我的雇员，我一定会把你炒掉。"马斯克回应说。因为两人已有5个孩子，婚姻并没有立刻结束。一天，马斯克向贾斯汀提出："我们要么今天就解决婚姻问题，要么明天离婚。"第二天，两人离婚。

对马斯克这样的工作狂来讲，平衡工作与生活则是最大的难题。他提出这样的疑问：

"工作与陪伴孩子的时间可以很好地分配，也想留出一点约会的时间。但是，每周到底应该给妻子多少时间呢？是10个小时吗？"

富豪是世界上最孤独的人

由于夫妻两人对金钱的看法不同而离婚的是吉姆·罗杰斯（48页）、沃伦·巴菲特。作为投资家，他们经常思考的是："500美元以复利计算30年后会变成多大一笔巨款?""哪怕是100美元，如果用来购买利息债券的话……"

然而，当妻子表示想买新家具时，他们却不会简单地回应一句"好的"。

虽然离婚的原因还有很多，但是罗杰斯与巴菲特的婚姻都曾失败过。还有家财万贯，但是经历5次婚姻都以失败告终，最后像孤儿一样离世的保罗·盖蒂（28页），这样的人物也不在少数。

关于有钱人个人生活的难处，巴菲特这样说：

"对有钱人来说，虽然有人为你开庆功宴，也有人帮你把名字挂在病房门口。但是，他们是世界上最孤独的人也是事实。"

第5章

只做真正喜欢的事情

做一切喜欢的事情

财富给我自由，我要充分利用这自由的权利。

——微软公司创始人之一

保罗·艾伦

资产估值 175亿美元

1953年生于美国

做喜欢的事情

重视自由

享受自由

保罗·艾伦与高中时代的同学比尔·盖茨共同创立了微软，1983年，保罗离开微软。盖茨想要以每股5美元的价格购买他所持的公司股票，最后由于艾伦要求每股价格为10美元而导致两人关系破裂。正是由于当时盖茨的吝啬，反而使艾伦获得了幸运。

1986年，微软股票上市，艾伦抛出20万股股票，获得了1亿7500万美元的巨额财富。而且，他依然手握微软28%的股权，6年后，其资产增长了10倍。

律师顾问对他说："拥有如此庞大的资产，就可以做任何喜欢的事情了。"艾伦回答说："财富给我自由，我要充分利用这自由的权利。"他开始疯狂地追逐梦想。

Hint

利用财富，实现梦想

推开一切可能的大门

1988年，35岁的艾伦以七千万美元收购NBA波特兰开拓者队（美国职业篮球队），成为史上最年轻的篮球队老板。1996年，他就任NFL的西雅图海鹰队（职业美式足球球队）的老板。

艾伦还斥资建造了全球第一架民间宇宙飞船"飞船一号"（SpaceShip-One），这是第一架把飞行员成功带到宇宙空间的私人航空器。

2015年，他一掷千金，在菲律宾海域发现日本海军战舰武藏（MUSASHI）号残骸的豪华游艇章鱼号（Octopus）也被他据为己有。

艾伦曾说："虽然在微软工作也很快乐。但是，那并不是纯粹的快乐。""获得财富后自己也会发生变化，我要发掘自身的一切可能性。我拥有了更多的机会，要尽情地享受它。"

Hint

做一切喜欢的事情

轶闻

章鱼号（Octopus）全长126米。它配有篮球场、电影院、游泳池，甚至为吉米·亨德里克斯的粉丝艾伦专门配备了专业录音室。拥有8台发动机，最高时速为37公里，并搭载了潜水深度300米的无人潜水艇。

财富带来自由

POINT

充分享受我的自由

享受人生

我们度过了美好的时光。损失金钱并不是问题。重要的是，

史蒂夫·盖瑞·沃兹尼亚克

——苹果公司创始人之一

资产估值 1亿1600万美元（截止30岁）

1950年生于美国

CHECK POINT!

不被常识束缚

给人带来快乐

做喜欢的事情

为大家带来幸福

苹果公司创始人之一史蒂夫·盖瑞·沃兹尼亚克被很多人亲切地称为“沃兹”。这位富豪乐善好施，喜欢为大家带来快乐。

沃兹尼亚克是一名电脑天才，25岁时，他创造出个人电脑——苹果一号。小他几岁的史蒂夫·乔布斯看中这一产品，提议开设公司销售电脑，这就是后来的苹果公司。

虽然创业的初衷并不是为了赚钱，但由于后来创造的苹果二号大受欢迎，苹果公司股票上市，沃兹尼亚克因此成为亿万富豪。

这时，他却做了一个令人惊讶的决定。将自己持有的股票低价分享给别人。

当时，只有相关创业人员和投资者可以获得股票。沃兹尼亚克将自己手中2000股股票（约100万美元）以每股5美元的价格卖给了40个人。这一举动遭到乔布斯的责备，但他毫不在意。

后来，沃兹尼亚克回忆说：“几年后，我接到了很多人的感谢电话。因为股票，他们能够买房、供孩子读大学，实现了很多本来不可能做到的事情。从这里，我感到了自己所做事情的价值。”

Hint

选择让更多人喜欢的方式使用金钱

“只是喜欢看到大家的笑容”

虽然已经将财富分享给很多人，沃兹尼亚克的手里仍有1亿1600万美元的巨额资产。此时，他又开始了“傻瓜式的骚动”。

图片提供：@视觉中国

做喜欢的事情

一天，沃兹尼亚克的父亲在儿子的保时捷中发现一张散落的25万美元支票，叹声说：“这个家伙真是大大咧咧。”果然，沃兹尼亚克经常为了别人而花费巨资购物或者举办活动、捐款。

例如，他花费200万美元举办喜爱的乡村音乐节，丝毫不觉得浪费。他说：“我有花不完的钱。因为在我30岁的时候就拥有了超过1亿美元的资产。”

POINT

花钱不是为了钱，而是为了幸福

在1982年与1983年，他又分别举办了两次美国音乐节，每次亏损1200万美元，沃兹尼亚克却说他很开心。

“虽然损失了金钱，但这不是问题。重要的是，人们在那里度过了美好的时光。我只是希望看到大家的笑容。而且，我觉得那时大家都在笑。”

轶闻

此外，沃兹尼亚克也积极出资建立儿童博物馆与电脑博物馆，为芭蕾舞与管弦乐捐款。而且，他曾为小学捐助多台电脑，并在10年间担任计算机老师教授电脑课。沃兹尼亚克说过：“一天微笑的次数是衡量人生的唯一标准。”也许对他来说，人们的笑容是比巨额资产更具价值的东西吧。

不要让金钱毁了你的人生。

——苹果公司创始人

史蒂夫·乔布斯

资产估值 83万美元（2011年统计）

1955年生于美国

专注一事　把事业做大　不被金钱左右

不必改变生活

在苹果公司创始人史蒂夫·乔布斯的身上似乎看不到富豪的影子。但继承其遗产的劳伦娜一跃登上了《福布斯》世界富豪排行榜，可见资产十分雄厚。

然而，乔布斯对金钱的看法略微发生了改变。他在高中时代的梦想是成为亿万富翁，但当他因苹果的成功获得2亿7000万美元的巨额财富时，他却跟好友住进了山间的一座小屋。

他没有像任何一个暴富的人一样浪费或成为金钱的俘虏。

对大多数人来说，赚钱之后就会选择一种跟过去截然不同的奢侈生活，但乔布斯不以为然。他认为四处购置房产、车子，妻子沉迷美容整形的生活极不正常，“所以，我决心不要让金钱毁掉我的人生。”乔布斯这样说。“想用钱购买的东西，会在瞬间消失。”他补充道。

Hint

是不是应该试着抛弃“富豪=奢侈生活”的固定观念

一心关注“创新“

事实上，乔布斯年轻时代的居所是几乎感受不到生活气息般的简洁。那时的他一心想创造出可以为宇宙带来冲击的革命性产品，朋友曾评价他：

“将全部时间埋头工作，几乎没有个人生活。”

图片提供：@视觉中国

就像对奢华生活毫无兴趣一样，乔布斯对慈善活动也并不热心。他不喜欢那些炫耀慈善活动的人。

乔布斯离开苹果后，所收购的皮克斯动画工作室股票成功上市，再次获得巨额财富，他将其中一半的资金用于制作动画，并重新与迪士尼签订合约。

轶闻

乔布斯重回苹果时，拒绝了现金3亿7750万美元与150万股股份的巨额薪酬，而以年薪1美元为苹果工作。他的理由是："我在25岁时赚的钱就已经超过1亿美元了，但这并不是重点。我不是为了钱工作的。"

Hint

只埋头于自己热衷之事就好

与金钱的距离由自己决定

远离奢侈

一心专注创造创新型产品

POINT

知道什么对自己最重要，就不会被金钱摆布

不是为了赚钱才去做生意，是被生意本身的魅力吸引。

——不动产企业家

康纳德·特朗普

资产估值 45亿美元

1946年生于美国

做喜欢的事

把事业做大

不以金钱为目标

既然要做就做大事业

被称为地产王者的康纳德·特朗普，以过激的政治言论及参与美国总统大选等话题，始终保持着高度曝光率。

特朗普是一个自我表现欲很强的人。他的父亲弗雷德也是一位著名的房地产开发商，事业中心位于纽约近郊。与父亲不同，特朗普将自己的商业舞台置于美国的经济和文化中心——曼哈顿，他想在这里释放更多的能量，做出更大的事业。

“我喜欢将事情往大处考虑。既然要做，就要做大。”他这样说道。

最初，特朗普与父亲一起工作，慢慢积累成绩与资金。1983年，一座富丽堂皇的复合建筑特朗普大楼（Trump Tower）吸引了众人的目光。这座建筑吸引了实力最强大的买手，最终以天价卖出。之后，特朗普在曼哈顿持续建造高级公寓、在拉斯维加斯等地开设宾馆和娱乐场所、也经常在各种电视节目中出场。

Hint

不要缩手缩脚！要做大事业

做大事才快乐

特朗普取得成功后，也因为房产泡沫的终止和次级贷款的问题陷入危机，但是每次他都能摆脱困境，这种力量大概就在于他的商业欲望。

图片提供：@视觉中国

特朗普说："我做生意并不是为了钱，我是被生意本身的魅力吸引。有人画美丽的绘画，有人写优美的诗，生意对我来说就是艺术。我喜欢它。而且，越大越喜欢，我喜欢享受其中的刺激与喜悦。"

虽然特朗普拥有大量的娱乐场所、言行高调，他本人却坚持不抽不喝不赌。

轶闻

在2015年美国总统竞选中，特朗普参与了共和党的提名之战，他不断重复着自己特立独行的言论。下降的支持率却实现反弹。特朗普的自我表现欲很强，也许他的目的是通过自己在媒体的曝光为其商品做推销。

Hint

做一个大格局之人！

因为"大"才快乐！

我喜欢将事情往大处考虑

做大生意是我的乐趣

BUSINESS!

POINT

努力拥有大视野、大格局

不要成为金钱的奴隶

重要的是明确金钱的使用目的。

——Spacex太空探索技术公司创始人、特斯拉汽车公司创始人

埃隆·马斯克

资产估值 120亿美元

1971年生于南非

CHECK POINT!

不以金钱为目标

把事业做大

将逆境当作跳板

如何使用金钱?

作为Spacex太空探索技术公司与特斯拉汽车公司创始人的埃隆·马斯克，外界对其评价很高。在美国被看作“乔布斯第二”，谷歌创始人拉里·佩奇甚至表示“要将资产交给马斯克而不是慈善团体”。

原因在于马斯克的金钱使用方式。

在南非的少年时代，他非常痴迷关于拯救地球和人类的科幻小说，而且还是一名编程天才。

1989年，身无分文的马斯克来到加拿大，进入女王大学刻苦攻读。1992年又进入宾夕法尼亚大学。此时，马斯克确信对人类未来最重要的问题有三个：①互联网，②可持续能源，③太空移民。

1995年，马斯克进入斯坦福大学攻读博士学位，但当他想到在线内容计划时，就在两天内选择了退学，和他的弟弟一起创立Zip2公司。生活依然很艰苦，但拯救世界的热情和技术成为他的支撑力量。

Hint

我想拯救世界！你真的这么想吗?

明确目的

1999年，Zip2被一家大公司以3亿700万美元的价格收购，马斯克也因此获得了2200万美元。此后创立的PayPal被15亿美元的价格收购，31岁的马斯克从中获得了1亿6500万美元。

有的人会改变自己的生存方式，这也不足为奇。然而，马斯克一直坚持：“虽然有人为了赚钱而变身恶魔，但重要的是如何使用金钱，首先要明确自己的目的。”

马斯克的目标是解决21世纪人类要面临的最大问题——能源问题。不再依靠渐渐枯竭的石油等不可再生资源，发展太阳能这种可持续能源，将汽车改良为电

图片提供：@视觉中国

动车，然后向着太空移民的方向前进。

在此目标的指引下，马斯克前后建立了Spacex、特斯拉汽车公司以及太阳能发电公司SolarCity。特斯拉已实现股票上市，Spacex甚至与NASA（美国国家航空航天局）建立合作关系。虽然经历了很多次失败，也曾濒临破产，但马斯克表示“我永远不会放弃，只要一息尚存，我就会继续我的事业”，凭借不屈不挠的精神，他几次渡过难关。

将积累的资产用于解救人类——虽然这个课题无比艰巨，但这也是从穷人变成富豪的马斯克选择的生存方式。

轶闻

马斯克在加拿大的生活非常艰苦。他辗转于几个亲戚家，也在小麦农场和蔬菜田里干活。他做过锅炉清扫员，甚至在木材加工厂做过锯木工。到达美国之后依然贫穷，他住在没有淋浴的便宜办公室里，只用一台电脑工作。直到现在，他的乐趣就是陪孩子玩，作为一位富豪，生活十分简朴。

Hint

坚定人生目标

金钱用来做什么？

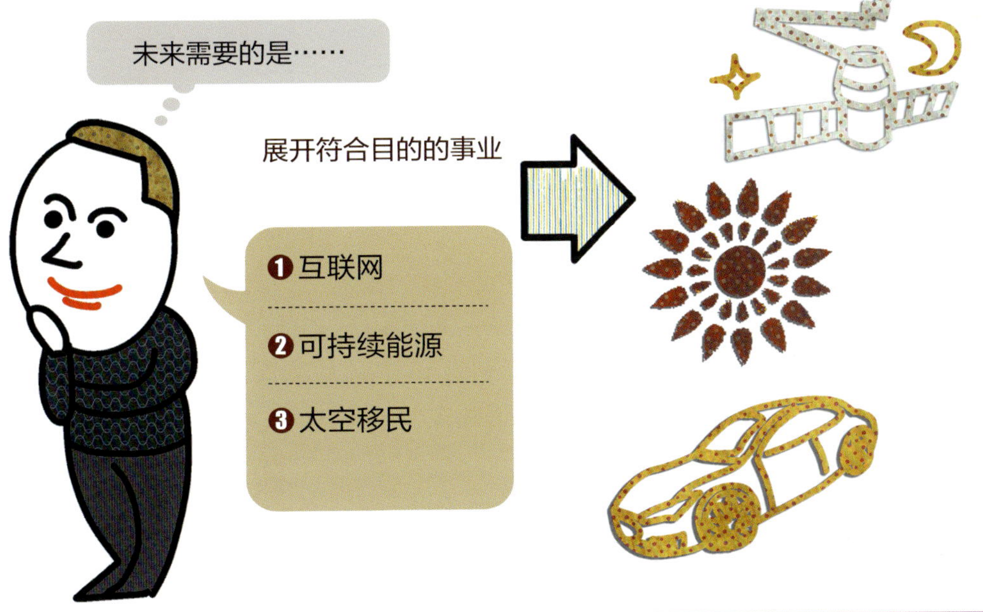

POINT

即使成为富豪，也不改变人生目标

只是在花自己的钱而已。

——休斯飞机公司创始人、电影导演

霍华德·休斯

资产估值 62亿4000万美元（以现在的价值换算）

1905年生于美国

做想做的事

强烈的占有欲

不要与他人合作共事

霍华德·休斯从父亲那里继承了一大笔遗产，开始了他野蛮任性的生活。因为喜欢飞机，他创立了休斯飞机公司；喜欢电影，就去做电影制作人。虽然他不过是一名富二代，但他富可敌国。当时有各种说法，“他有地球一半的财富”“跟休斯竞争就相当于挑战联邦准备银行”。

休斯的父亲老霍华德在石油热潮中发明了双锥旋转钻头获得成功。他花钱如流水，每月给儿子5000美元的零花钱。父亲去世后，18岁的休斯继承了公司75%的股份。并且，他贯彻了父亲常挂在嘴边的话——不要与他人合作共事，从祖父母那里强行夺取了剩余的25%股份。他买通了法院，逼迫他们承认自己的合法权益。

休斯认为，只要有钱，就跟年龄、血缘、素质没有任何关系了。总之，这是一个贪婪的人。

Hint

不要相信人，相信钱

将一切收为己有

将公司的一切据为己有之后，休斯开始了随心所欲的生活。他来到好莱坞开始制作电影，《地狱天使》和《伤疤脸》等作品都是非常成功的影片。但是，《地狱天使》一天的经费就高达5000美元，这部电影的制作费超过200万美元。

休斯公司的董事强烈反对，他们叹声说：“这个家伙的脑子是不是进水了？这样下去，公司就完了。”然而，休斯随即反驳：“我只是在花我自己的钱而已。”他非常过分，将公司所有人的劳动成果视为自己一人所有。

之后，休斯进军飞机事业。他制造出世界最大的水上飞机，并收购环球航空公司（T&WA），事业领域继续扩大到航空领域。

同时作为一名飞行员，休斯创造了飞跃美洲大陆以及环球飞行的世界纪录。在此过程中，他多次经历飞机事故。

他拍摄电影时也遭遇过撞机及迫降事故，甚至在西伯利亚的飞行事故中，他都做好了死亡的准备。

高大帅气的休斯也是有名的花花公子，与众多女星有染。这位家财万贯的富豪在70岁时结束了波澜壮阔的一生。

Hint

我就是要傲慢地生活

轶闻

任性傲慢的休斯，晚年由于事故的影响及药物的副作用精神状态出现恶化，每天他把自己锁在宾馆里面。去世时，他的身高缩减了10厘米，极其瘦削以致无法辨认，最终通过指纹认定其是霍华德·休斯。他没有留下遗嘱，遗产的大部分被捐赠给霍华德·休斯医学研究所。后来，这里诞生了许多诺贝尔奖获得者。

家人也不可信！

POINT

与人相比，钱更可靠

花钱要谨慎，因为这也是再投资。

——沙特阿拉伯王室成员

阿尔瓦利德王子

资产估值 226亿美元

1955年生于沙特阿拉伯

贯彻信念 把事业做大 专注一事

花钱要谨慎

阿尔瓦利德王子的生活如同阿拉伯王室一般的奢华。

这位王子花费4亿美元买下由空中客车公司制造的可承载850人的飞机，将其改装成了一座奢华的“飞行宫殿”。他还从康纳德·特朗普手里买下了全长83米的大型游艇，拥有几百辆汽车。

办公室位于他的Kingdom Centre的最高层。这座建筑高达303米，是沙特阿拉伯最高的建筑物。

华丽的办公室并不只是代表着奢侈，它也体现了阿尔瓦利德王子的勤奋工作。他被称为阿拉伯世界最富有的人，然而，为他带来巨额财富的是房地产和商业投资。

阿尔瓦利德王子在学生时代放荡不羁，后来到美国留学刻苦学习，学成后回国。当时的沙特阿拉伯正处于石油热潮，凭借敏锐的商业嗅觉，阿尔瓦利德王感到了淘金热般的可能性。他相信“虽然资金不多，但只要有正确的商业直觉就能成功”。

阿尔瓦利德王子向父亲借了3万美元，又将自己的一栋房子做抵押向银行贷款30万美元，开始投资房地产和银行等。

真正给他带来财富的是长久地勤奋工作与节俭。当获得利润之后，除了住宅与办公室的必要花费，他将剩余的资金继续用于投资。

“我一直坚持着谨慎花钱再投资的原则。我要让财产成倍增长。”阿尔瓦利德王子如此说道。

Hint

不懈地坚持可以增加你的财富

首先要认真思考

图片提供：@视觉中国

阿尔瓦利德王子的信条是“聪明工作，拼命工作”。

虽然是王室成员，但他每天坚持工作14~16小时。他认为，投资家不是赌徒，必须做一名精打细算的冒险家。因此，在拼命工作之前，首先要认真思考有效的工作方法。

与此同时，这位王子也积极参与慈善活动。他会定期收取请愿书，凡符合条件的就给予援助。

他认为，如果一个人不关注社会现实，也不关心周围那些贫穷的人，只是积攒钱财，最后一定会失败。他继续补充说：

“从不关注人生的其他方面，只是积攒钱财的做法是不正确的。我不是这样的人。”

轶闻

美国一则新闻曾将阿尔瓦利德王子称为“阿拉伯的沃伦·巴菲特”。这位王子很开心，于是给巴菲特写了一封信，然后他收到了这样的回信——在奥马哈，我被人称为“美国的阿尔瓦利德王子”，充满了巴菲特式的幽默。据说，后来两人多次会面。

Hint

愚蠢地努力毫无意义

聪明工作，拼命工作

POINT

先思考再行动，而且两者缺一不可

永不满足

不花钱，就不能赚钱。

——甲骨文公司创始人 拉里·埃里森

资产估值 543亿美元

1944年生于美国

做想做的事

强烈的占有欲

多样化的金钱使用方式

商业软件公司甲骨文的创始人拉里·埃里森拥有多样化的金钱使用方式。

作为一名日本文化艺术爱好者，他在世界各地拥有多处房产，其中之一便是位于日本京都南禅寺附近的豪华日本庭院别墅。埃里森的好朋友史蒂夫·乔布斯同样醉心日本文化艺术，曾拜访过这里。

埃里森是一名狂热的帆船爱好者，他是美洲杯帆船赛中甲骨文队USA的赞助商。他自己也拥有世界最大的旭日号（Rising Sun）游艇。

埃里森也持有飞行员执照，拥有多架飞机。在慈善活动方面，他参加了“赠与誓言”。

Hint

不限定金钱的使用方法

不放过任何机会

埃里森与乔布斯有很多的共同点。他们的母亲都是未婚生子，两人均由养父母抚养长大。大学中途辍学，白手起家获得成功。而且两人都能平静地发表一些过激的言论，具有出色的领导力。

体现两人差异的事件是关于挽救苹果困境的方式。1996年，苹果濒临破产，苹果CEO吉尔·阿梅里奥决定收购乔布斯创立的NeXT公司，阿梅里奥提议公司由他负责经营，乔布斯担任顾问。这时，埃里森计划联合阿尔瓦利德王子购买苹果公司的股份。他甚至在杂志上扬言：“也许在这篇报道公开之前，我已经成为苹果的董事长了。”

此时，乔布斯阻止了埃里森，他说：“即使你不用买下股票，我也能回到苹果重新掌权。”埃里森对此表示同意。但是，他又回答说：“如果我不买下苹

图片提供：@视觉中国

果，那我就无法赚钱了。”

乔布斯回答：“我是你的朋友，而且，你已经拥有了足够的财富啊。”埃里森表示难以理解，“但是，为什么要把赚钱的机会让给别人呢？为什么不能是我们自己呢？”他这样反问。

埃里森是世界富豪，他对金钱的欲望非常强烈。不会放过任何一个可以赚钱的机会。而同样作为富豪的乔布斯，则对金钱持无所谓的态度。

乔布斯与埃里森的共同点与差异

有一位未婚妈妈　大学辍学　过激的言论　出色的领导力

等诸多共同点，但另一方面

乔布斯

埃里森

想用金钱购买的东西是不会长久的

如果自己错过了赚钱机会，就会让别人赚到

对金钱的看法完全相反

POINT

虽然完全不同，但都是获得财富的方式

Hint

强烈的欲望可以让你获得财富

轶闻

曾两度退学的埃里森为耶鲁大学的毕业生做过一次演讲。由于他句句惊人，该演讲号称历史最牛之演讲。新闻这样报道：埃里森在耶鲁大学的毕业典礼上，谈到自己、比尔·盖茨、保罗·艾伦、迈克尔·戴尔都是退学后取得成功的人。他口出狂言“因此，你们并不是肩负光辉未来的领导者，而是几千个失败者”，最后被保安请下演讲台。因为埃里森的夸张和偏激，一时成为热门话题。

参考文献

本书参考以下书籍、杂志及多家网站信息与*GOETE*特刊，在此深表感谢。

另，本书的“资产估值”均为大概数值，不能保证其精确性。因为资产额会时常变动，时代或评价标准的不同也会造成数额的变化。本书主要以2015年《福布斯》世界富豪排行榜为参考，也参考《福布斯》过去的排名及其他多种资料。此外，也有将过去的资产金额换算为现行币值的情况。

■书籍

《比尔·盖茨》詹姆斯·华莱士（James Wallace） 吉姆·埃里克森（Jim Erickson）（著）奥野卓司等（译）翔泳社

《我、比尔·盖茨、微软》保罗·艾伦（著）夏目大（译）讲谈社

《比尔·盖茨谈未来》比尔·盖茨（著）西和彦（译）ASCII

《大富豪的财富秘密》方显哲（著）吉野广美（译）阪急Communications

《我的沃尔玛商法》山姆·沃尔顿（著）渥美俊一（译）讲谈社+α

《美国梦的轨迹》H.W.布兰兹（H.W.Brands）（著）白幡宪之等（译）英治出版

《打败你的对手》大森实（著）讲谈社

《大富豪的条件》安德鲁·卡内基（著）桑原俊明（译）幸福科学出版

《美国梦的后裔》亚瑟·范德比尔特二世（Arthur T.Vanderbilt II）（著）上村麻子（译）溪水社

《美国梦》迈克尔·莫里茨（Michael Moritz）（著）青木荣一（译）二见书房

《洛克菲勒回忆录》（上、下）大卫·洛克菲勒（David Rockefeller）（著）榆井浩一（译）新潮文库

《IKEA超巨大零售业的成功秘诀》吕迪葛·荣布特（Rüdiger Jungbluth）（著），瀬野文教 （译）日本经济新闻出版社

《巴菲特&盖茨给青年人的忠告》沃伦·巴菲特、比尔·盖茨（述）圣智学习出版公司（Cengage Learning）（主编）圣智学习出版公司（Cengage Learning）

《石油大王保罗·盖蒂》罗伯特·伦兹纳（Robert Lenzner）（著）真野明裕（译）新潮文库

《雪球：巴菲特传》（上、下）艾莉斯·舒德（Alice Schroeder）（著）伏见威蕃（译）日本经济新闻出版社

《亲历巴菲特股东大会》杰夫·马修斯（Jeff Matthews）（著）黑轮笃嗣（译）x-knowledge

《冒险投资家吉姆·罗杰斯的世界大发现》吉姆·罗杰斯（著）林康史等（译）日经产业人文库

《沃兹传：与苹果一起疯狂》史蒂夫·沃兹尼亚克（Steve Wozniak）（著）井口耕二（译）DIAMOND社

《乔布斯传》（Ⅰ·Ⅱ）沃尔特·艾萨克森（Walter Isaacson）（著）井口耕二（译）讲谈社

《苹果传奇2·5》（上·下）欧文·W·林兹梅尔（Owen W.Linzmayer） 林信行（著）武舍广幸等（译）ASPECT

《改变世界的苹果想象力》竹内一正（主编）成美文库

《史蒂夫·乔布斯的回归》阿兰·道伊奇曼（Alan Deutschman）（著）大谷和利（译）每日Communications

《史蒂夫·乔布斯名言录》桑原晃弥（著）PHP文库

《史蒂夫·乔布斯的成功之道》杰伊·艾略特（Jay Elliot） 威廉·L·西蒙（William L.Simon）（著）中山宥（译）

《秘录 华人财阀》西原哲也（著）NNA

《杰克·韦尔奇自传》杰克·韦尔奇 约翰·拜恩（著）宫本喜一（译）日经产业人文库

《向前一步》谢丽尔·桑德伯格（著）村井章子（译）日本经济新闻出版社

《亚马逊 快速茁壮之道》罗伯特·斯佩克特（Robert Spector）（著）长谷川真实（译）日经BP社
《脸谱网效应》大卫·柯克帕特里克（David Kirkpatrick）（著）滑川海彦等（译）日经BP社
《我们如何成为世界第一》François Dalle（著）藤野邦夫（译）PHP研究所
《大富豪罗斯·佩罗》罗斯·佩罗（述）托尼赵（Tony Chiu）（著）间中惠子（译）Bestsellers出版
《征服世界的企业》赫苏斯·维加（Jesus Vega de la Falla）（著）沟口美千子（译）Achievement出版
《马克·扎克伯格的成功密码》桑原晃弥（著）幻冬舍
《创造LVNH品牌帝国的男人》伯纳德·阿诺特　伊夫·梅萨洛维奇（Yves Messarovitch）（著）杉美春（译）日经BP社
《印度之虎 改变世界》史蒂夫·哈恩（Steve Hahn）（著）儿岛修（译）英治出版
《塔塔财阀》小岛真（著）东洋经济新报社
《新日铁VS米塔尔》NHK特别取材班（著）DIAMOND社
《阿拉伯的巴菲特》康锐思（Riz Khan）（著）盐野未佳（译）Panrolling
《霍华德·休斯》约翰·济慈（John keats）（著）小鹰信光（译）早川文库
《特朗普自传》唐纳德·特朗普　托尼·施瓦兹（Tony Schwarz）（著）相原真理子（译）筑摩文库
《成功就在垃圾箱里》雷·克拉克　罗伯特·安德森（Robert Anderson）（著）野地秩嘉（主编）野崎稚惠（译）President社
《Bloomberg》迈克尔·彭博（著）荒木则之（译）东洋经济新报社
《Google的故事》戴维·怀斯（David A.Vise）　马克·马西德（Mark Malseed）著 田村理香（译）PRESIDENT社
《约翰·斯卡利传》（上·下）约翰·斯卡利（John Sculley）　约翰·伯恩（John Byrne）（著）会津泉（译）早川书房
《微软之路》兰德尔·E.斯特劳斯（Randall E.Stross）（著）齐藤弘毅等（译）AI出版
《谷歌秘录》肯奥莱塔（Ken Auletta）（著）土方奈美（译）文春文库

■ 杂志

《日经商业》2013年9月2日号
《TIME》1999年12月27日号
《WIRED》2014年9月30日号<INNOVATION INSIGHTS>
《周刊东洋经济》2014年5月25日号（Kindle版）
《日经商业》《日经商业在线》2014年9月29日号

图书在版编目（CIP）数据

世界大富豪的富豪哲学 / (日) 桑原晃弥著 ; 杨晓敏译. -- 北京 : 北京联合出版公司, 2017.3
ISBN 978-7-5502-9737-1

Ⅰ. ①世… Ⅱ. ①桑… ②杨… Ⅲ. ①人生哲学－通俗读物 Ⅳ. ①B821-49

中国版本图书馆CIP数据核字（2017）第023044号

著作权合同登记图字：01-2017-0467

世界大富豪的富豪哲学

作　　者：[日]桑原晃弥
译　　者：杨晓敏
选题策划：多采文化
责任编辑：牛炜征
装帧设计：水长流文化
策划编辑：杨晓敏

北京联合出版公司出版
（北京市西城区德外大街83号楼9层　100088）
北京艺堂印刷有限公司印刷　新华书店经销
字数90千字　750毫米×1080毫米　1/16　6印张
2017年3月第1版　2017年3月第1次印刷
ISBN 978-7-5502-9737-1
定价：39.80元